AF694779

CONSTANCE ET FANTAISIE DU VIVANT

Jean-Louis Revardel

CONSTANCE ET FANTAISIE DU VIVANT

Biologie et évolution

Albin Michel

« Sciences d'aujourd'hui »
Collection dirigée par Michel Cazenave

© Éditions Albin Michel S.A., 1993
22, rue Huyghens, 75014 Paris.

ISBN 978-2-226-39507-8
ISSN 0246-5558

« Un papillon, qui n'a ni conscience ni discernement, ne peut pas se créer une aile qui serait laide, car il n'a pas pouvoir de faire obstacle en lui à ce développement de forces qui produit *naturellement* l'harmonie et la beauté. »

Méduse et Cie
Roger CAILLOIS

INTRODUCTION

L'Homme est sur le point d'intervenir de façon décisive dans l'histoire de la vie, aussi bien par son impact sur l'environnement que par son action sur le génome. Heureusement, en même temps que l'emprise se fait plus grande, se développe une conscience de sauvegarde de la vie et de sa diversité.

Où trouver les principes de cette sauvegarde, sinon dans les enseignements mêmes donnés par le vivant ? Celui-ci depuis son origine n'a-t-il pas sans cesse innové sans pour cela mettre en péril les acquis antérieurs ?

L'innovation doit être regardée comme un moyen de résoudre une problématique, de limiter des contraintes. Aussitôt née, une molécule, ou une espèce, interagit immédiatement avec les autres molécules, les autres espèces. Elle n'a d'autre issue que de s'intégrer à l'ensemble communautaire qui poursuit sa route. Dans le cas contraire, elle est rejetée, regagnant la cohorte des essais infructueux.

Tout système vivant tend à s'autonomiser par rapport au milieu qui devient pour lui un référentiel externe. Cette autonomie est atteinte grâce à l'existence du génome — référentiel interne — qui permet de gérer les flux de matière, d'énergie et d'information, mais qui veille aussi sur la cohérence et l'intégrité de l'individu.

Notre étonnement — à nous, êtres réfléchis — est bien de

constater que l'extraordinaire exubérance du vivant a pu être atteinte sans que jamais n'intervienne d'acte finalisé. Les êtres vivants — excepté l'Homme — ignorent leurs influences, leurs œuvres et leur existence. Pourtant, ces automates privés de conscience et de discernement ont, à l'image du papillon de Roger Caillois, répondu de façon adaptée aux exigences physico-chimiques et biologiques du milieu.

Cet ouvrage met l'accent sur les stratégies qui toujours créent du nouveau en remettant en jeu les inventions antérieures. Il montre comment, sur fond d'un même code informationnel, la diversification des gènes et leur jeu combinatoire créent la multiplicité des caractères. Cette permanence et cette mouvance sont les bases de la réussite. L'émergence de propriétés nouvelles jusqu'alors inédites provoque un accroissement constant de la complexité.

Il se trouve que l'histoire est ici écrite par un *Homo sapiens*. Il est probable qu'une algue, une mouche ou un poulpe l'aurait dite autrement.

Le lecteur patient, de type chenille, pourra brouter feuille à feuille. Néanmoins, le lecteur de type papillon pourra sans grand inconvénient aller et venir, butiner çà et là.

Au fil de notre parcours, nous devrions songer à ce que pourrait nous révéler la rencontre avec l'*Oiseau* ou le *Reptile*, ces compagnons que nous ne savons plus voir et que nous avons oubliés.

1

Le temps des biomolécules

Il nous semble naturel de constater que les molécules construisant « le vivant » et assurant son fonctionnement sont fabriquées par les systèmes vivants eux-mêmes.

Cependant il n'en a pas toujours été ainsi. A l'aube de la planète Terre, le vivant a été construit à l'occasion de maints balbutiements, de maints essais de liaisons et de réactions entre des molécules préexistantes au vivant. Ce sont ces balbutiements, ces essais de l'histoire de la vie que nous allons tenter de décrypter.

Les molécules du vivant, comme celles du monde minéral, ont émergé au cours de l'histoire physico-chimique de notre univers. Elles ont été construites par l'association de motifs moléculaires plus petits (véritables motifs d'un puzzle) qui peuvent être rencontrés tout aussi bien à la surface de la planète bleue — notre planète Terre — que sur certaines autres planètes ou encore dans l'espace sidéral. Ce qui nous importe est que ces molécules soient apparues en particulier dans la région de notre planète.

Lire le futur dans un chaudron

Peut-être existait-il de multiples chemins possibles pour la vie. Elle en a emprunté un et nous l'observons *a posteriori*, nous tentons d'en saisir les dédales et les lois mais il ne cesse de nous surprendre, de nous étonner. Il est imprévisible. Ce que nous découvrons au premier regard nous égare déjà. Les conditions qui régnaient, à la surface de la terre et dans sa proche atmosphère, apparaissent hostiles. Certes, elles seraient hostiles à la plupart des êtres vivants qui nous sont contemporains, mais elles étaient précisément propices à la venue des premières biomolécules.

L'univers (âgé actuellement d'environ 15 milliards d'années) avait déjà 6 milliards d'années lorsque le soleil est né. A la faveur d'un abaissement graduel de la température, les atomes ont pu se lier pour former des molécules. Dans les nuées primitives apparaissaient ainsi des substances minérales mais aussi des substances organiques qui, elles, préluderont à l'invention du vivant. Le carbone, l'azote et l'oxygène se lient à l'hydrogène, donnant naissance respectivement au *méthane* (CH_4), à l'*ammoniac* (NH_3) et à l'*eau* (OH_2). L'existence était loin d'être monotone pour ces molécules.

Dans son tout jeune âge, la terre n'était pas encore enveloppée d'ozone, aussi les radiations solaires ultraviolettes bombardaient-elles l'atmosphère, traversée également par les éclairs de violents orages. La température, 150 °C en moyenne, s'élevait çà et là, au gré des éruptions volcaniques. Les radiations et les bouffées d'énergie favorisaient la rupture des molécules. Les fragments qui en résultaient se recombinaient.

Ces réaménagements successifs vont conduire, au cours de quelque 500 millions d'années, à une multiplicité de molécules qui s'avéreront les unes ou les autres aptes à construire le vivant. Ainsi, dans l'océan primitif (dans la « soupe primitive »), l'eau et le méthane interagissent et donnent le *formaldéhyde*, le méthane et l'ammoniac interagissent et donnent l'*acide cyanhydrique*. A son tour, le formaldéhyde se prêtant au jeu des combinaisons ouvre la voie des *glucides* et celle des *acides gras* (briques de construction de nos *lipides*). L'acide cyanhydrique permet la formation de l'*adénine*, une des *bases organiques* qui participeront à la construction des *acides nucléiques*. Le formaldéhyde et l'acide cyanhydrique mettent en commun leurs technologies pour inventer une autre famille moléculaire, celle des *acides aminés*, briques de construction des *protéines*. Le vivant ne se construit évidemment pas uniquement à partir de ces molécules pionnières. D'autres précurseurs permettraient la fabrication d'autres briques de construction. Mais, derrière cette généalogie moléculaire, derrière cette explosion de noms propres, d'actes de naissance, se cache toujours la même problématique : celle de l'après-naissance, celle de la survie.

Naître, certes, mais ne pas mourir immédiatement, ne pas être trop tôt disloqué. Il était nécessaire que chaque molécule se protège des conditions mêmes qui avaient favorisé sa naissance. Les ultraviolets, qui avaient permis cassures et réarrangements, pouvaient devenir par la même cause agents d'instabilité, de destruction incessante. Les anfractuosités du sol cachaient les molécules, les profondeurs marines les abritaient. Mais les pertes restaient sévères. Les plus ingénieuses des molécules n'attendaient plus un salut incertain venu des aléas de leur habitat, elles prenaient leur destin en main et intériorisaient le moyen de résister.

Ce langage ne doit pas tromper et laisser penser que la résistance aux ultraviolets était acquise durant le temps de vie d'une molécule. Simplement certaines molécules naissaient peu vulnérables. L'adénine en est un exemple. En langage scientifique, l'acte de survie de l'adénine devrait être plutôt formulé de la manière suivante : « Les conditions physico-chimiques, qui régnaient dans l'atmosphère et dans l'océan primitifs, ont autorisé des agencements moléculaires divers dont certains se sont révélés être peu sensibles aux radiations ultraviolettes. » Des milliards d'années plus tard, une de ces molécules (en fonction de sa nature chimique) a été appelée « adénine » par l'*Homo sapiens*. D'un lieu à l'autre, au gré de la géographie — au gré des chaudrons —, la soupe s'enrichit. Elle contient davantage d'espèces moléculaires et chacune est présente en grande quantité. Cette forte densité favorise l'interaction des molécules qui vont parfois se lier entre elles. Ces alliances résolvent de manière inattendue le problème de leur survie. Comme les particules élémentaires ont joué entre elles au sein des étoiles, comme les atomes ont joué entre eux au sein des planètes, les molécules jouent entre elles au sein de la soupe primitive. Poursuivant le jeu frénétique d'accroissement de la complexité, elles se combinent en des édifices plus grands, plus structurés. Se protégeant l'une l'autre, se cachant et se stabilisant réciproquement elles survivent. Certes, dans ces liaisons, une part de leur individualité est perdue ; aussi, la pertinence ne doit plus être recherchée au niveau de la brique de construction qu'elles sont maintenant devenues mais au niveau du nouvel édifice qu'elles construisent. Celui-ci présente la plupart du temps l'avantage de regrouper des aptitudes appartenant initialement à des briques de construction diverses. Parfois même, ce nouvel édifice exprime des aptitudes propres et inédites jusqu'alors. Ainsi s'instaure l'émergence de nouvelles propriétés.

Le complot des polymères

Avant d'envahir les technologies de notre XXe siècle, les polymères gagnaient voici déjà 2 à 3 milliards d'années le pari du vivant.

La polymérisation des molécules constitue la première étape d'accroissement de la complexité sur la voie de l'invention du vivant. Les sucres *(oses)*, les acides aminés et les *nucléotides* s'y montrent également aptes. Il suffit en effet que les sujets d'une famille moléculaire possèdent en commun deux fonctions d'attelage, l'une permettant d'accrocher (crochet) et l'autre d'être accroché (anneau) pour que puisse se former un train moléculaire. Dans un tel polymère (*polyholosides*, protéines, acides nucléiques), les groupements chimiques (crochets, anneaux) engagés dans la liaison sont, par le fait même, soustraits du jeu réactionnel qu'ils pourraient avoir avec d'autres molécules.

Cependant, cette réactivité, consommée dans les liaisons entre briques de construction (voitures du train), importe peu dès lors que le train est formé. La pertinence se situe alors dans la

LA NAISSANCE DES MOLÉCULES POLYMÈRES

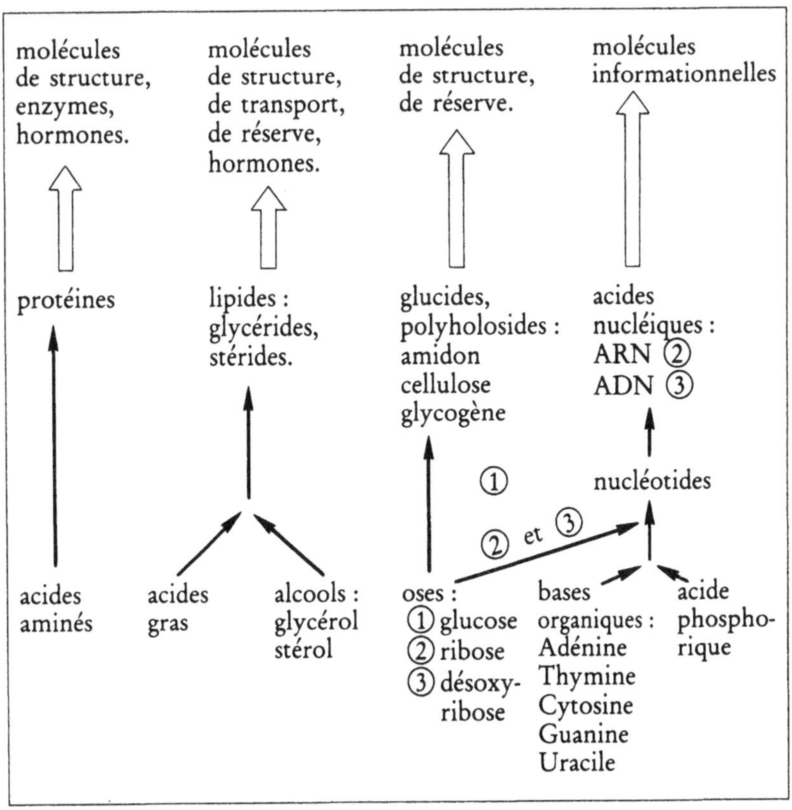

spécificité fonctionnelle de chaque brique. Quelles propriétés spécifiques (outre le fait de posséder un crochet et un anneau) exprime tel ose au sein d'un polyholoside, tel acide aminé au sein d'une protéine, tel nucléotide au sein d'un acide nucléique ? Chaque ose, acide aminé, acide nucléique peut être reconnu par un groupement chimique qui lui est propre, qui le caractérise et permet de le nommer.

Pour l'heure, ces polymères, habitant la soupe primitive, ignorent qu'ils rempliront plus tard des fonctions majeures chez les êtres vivants : devenant soit des molécules de réserve, soit des molécules de structure, soit des molécules de fonctionnement (*enzymes* et *hormones*), soit enfin des molécules informationnelles.

S'aider et s'entraider

Les réactions entre molécules (par exemple l'accrochage de deux acides aminés entre eux) peuvent être facilitées par les conditions qui règnent dans l'environnement. Ainsi, selon son importance, une élévation de température, une variation d'acidité fragilisent les molécules, favorisent les départs, les échanges, les mises en commun d'atomes et de groupements chimiques.

Mais le jeu intermoléculaire s'est brusquement sophistiqué et est devenu plus fiable lorsque la communauté moléculaire a pris elle-même en charge ses problèmes d'échange, de transfert, de cohésion, sans devoir escompter quelque tempête d'énergie soufflant de l'extérieur. Cette autonomie est devenue possible lorsque, parmi les molécules nouvellement inventées, certaines ont manifesté un don d'« accrocheuses », les protéines étant les plus expertes dans ce domaine. Par leur forme, elles peuvent reconnaître telle et telle autre molécule, les prendre toutes deux par la main, les présenter l'une à l'autre et les sceller enfin dans une poignée de main pleine de chaleur. Avant l'heure de la première cellule, la catalyse biologique — facilitation d'une réaction biologique par une molécule biologique — venait de naître.

En fait, l'*Homo sapiens* n'a concédé que le nom de « proténoïde » aux protéines de cette époque prébiotique. Il faut dire qu'elles ne possédaient encore qu'un nombre restreint d'acides aminés, qu'elles n'étaient pas encore intégrées dans un système vivant et naissaient donc dans des conditions abiotiques. Cependant les proténoïdes manifestaient déjà des comportements « étranges ». Les acides aminés avaient des affinités particulières et préféraient l'un ou l'autre de leurs compères comme voisin immédiat. Ainsi certains enchaînements (séquences) apparaissaient plus fréquemment que d'autres, ils étaient plus stables et avaient donc tendance à s'imposer. En d'autres termes, tout se passait comme si les acides aminés possédaient en eux-mêmes une information déterminant, dans une certaine mesure, le choix de l'acide aminé voisin. Il s'agit d'un automate moléculaire. La molécule choisit sa propre identité. Ceci préfigure un processus d'*autocatalyse* ; un processus par lequel une molécule biologique facilite sa propre construction.

Cette stratégie a été inventée plusieurs fois dans des familles moléculaires différentes. Tel est l'exemple des *porphyrines*, molécules ayant particulièrement bien réussi au cours du jeu de la vie (leur structure cyclique favorise les déplacements des électrons, aussi elles possèdent de remarquables propriétés de capture d'atomes ou de particules. Elles entrent dans la construction de molécules complexes telles que : l'*hémoglobine* qui fixe l'oxygène respiratoire ; les *chlorophylles* qui capturent les photons solaires au cours de la photosynthèse ; les *cytochromes* qui transportent, dans les processus respiratoires, les électrons issus des molécules alimentaires énergétiques). La singularité qui nous intéresse ici est leur aptitude à favoriser la naissance de leurs sœurs, de telle sorte que leur population s'accroît de façon exponentielle comme le feront plus tard les populations de bactéries, de singes et d'hommes. A ce titre, l'autocatalyse préfigure la fonction de reproduction.

A une époque probablement antérieure à l'invention des premières cellules, un modèle astucieux d'autocatalyse a été inventé par la famille des acides nucléiques. Ces molécules se comportent en véritable « patron » (le « modèle » des couturières) pour confectionner de nouvelles molécules identiques. Nous aurons bien des occasions de conter les prouesses et les avatars de cette intrépide famille de surdouées qui a pris en charge la mise en mémoire de l'information nécessaire à la construction et au fonctionnement des êtres vivants.

Les chimères s'en prennent à l'espace

Lorsque les polymères d'une même famille se trouvent en concentration suffisante dans un milieu, ils ont tendance à se regrouper spontanément, formant alors des colonies. Ce comportement est reproductible au laboratoire tant avec des polyholosides que des proténoïdes. Il est probable que dans les premières semaines, heures ou minutes de leur vie, ces polymères ont formé des colonies, des agrégats. Sous l'effet des forces de cohésion, ces colonies moléculaires devaient avoir la forme d'une sphère creuse. Mais leur tentative pour délimiter un extérieur et un intérieur sera restée timide. Les bâtisseurs de frontières seront autres, des molécules mixtes, chimères : les lipides. Au côté des molécules polymères, ces molécules mixtes constituent une autre réussite de complexification des biomolécules.

Très tôt, l'association des *alcools* et des acides gras, les premiers aimant l'eau et les seconds la détestant, avait donné naissance à des molécules chimères aimant avoir la tête dans l'eau et les pieds au sec. Ces belles faisaient des pirouettes.

Dans l'océan primitif, elles se tenaient en surface, côte à côte, les pieds en l'air. Si les vagues les tourmentaient, elles protégeaient leurs pieds de l'eau environnante en construisant une sphère, pieds au centre et têtes à la périphérie. Si les chimères étaient prises dans un embrun, elles s'empressaient de se répartir à la surface d'une gouttelette, s'en disputant l'eau. Elles entouraient les gouttelettes de leurs têtes avides et rejetaient leurs pieds à l'extérieur. Puis, dans leur infortune, elles retombaient sur l'océan. Les orteils des chimères voyageuses rencontraient les orteils de leurs sœurs restées à la surface, les entraînant sous l'eau dans leur chute. De la sorte une double colonie de lipides pieds contre pieds (acides gras contre acides gras) encerclait une goutte d'océan-soupe primitive. Cette gymnastique s'est reproduite de multiples fois, en tous lieux, pendant des millénaires. En fonction des lieux, au gré des courants, des vents, des ressacs sur les grèves, de la proximité d'un volcan et de la profondeur des eaux, la teneur en molécules variait d'une gouttelette de soupe « intériorisée » à l'autre.

Ainsi, la propriété « couvrante » des lipides, leur faculté à former des films monomoléculaires au contact de l'eau, les préparait à leur fonction de délimitation d'un espace. La gouttelette, délimitée par le double film lipidique, isole une région de la soupe primitive, intériorise ce qui n'était — voici un instant — qu'un lieu non singularisé du vaste océan. Dès lors chaque gouttelette est une individualité. Naissent ainsi de multiples individualités au contenu moléculaire propre.

De telles microgouttes peuvent être fabriquées en laboratoire. Elles expriment immédiatement des facultés d'échange entre l'intérieur et l'extérieur : simple diffusion physique d'ions, de gaz et de certaines petites biomolécules. Parfois des microgouttes s'alimentant à partir du milieu sont prises d'une telle boulimie qu'elles finissent par se scinder en deux jeunes microgouttes prises à leur tour de boulimie.

Imaginons qu'une microgoutte ait incorporé, au moment de sa formation, des molécules capables d'autocatalyse (d'autoreproduction) telles que les protéines et les acides nucléiques. Ces molécules n'auraient de cesse de demander, d'« appeler » vers l'intérieur des briques de construction pour se reproduire elles-mêmes. Le régime alimentaire de la microgoutte n'est plus aléatoire, les aliments sont ingérés électivement. Les molécules hébergées œuvrent à l'accroissement de taille de la microgoutte. Un système supra-moléculaire (une microgoutte-presque-cellule) est en voie d'émerger grâce à l'intégration des fonctions des molécules constituantes. S'opère au cours du temps un changement de niveau d'organisation, un passage de la molécule à la cellule.

De ce concept de « niveau d'organisation », si souvent à l'honneur dans les discours scientifiques, nous devons tenter une première approche. Aux premiers temps de l'univers, ce fut le jeu de l'évolution physique : jeu de l'énergie et des particules, jeu promoteur de soleils. Ce jeu opérait déjà un changement de niveau d'organisation : construction d'atomes à partir de particules. Puis, bien que le jeu physique se poursuive dans le cosmos, le jeu chimique fit son apparition, opérant un nouveau changement de niveau d'organisation en construisant des molécules à partir d'atomes. C'est en participant à ce jeu chimique, promoteur de planètes, que certaines molécules dites « molécules organiques » devaient se singulariser. Elles devaient en effet s'avérer aptes à jouer le jeu du vivant, à préparer un nouveau changement de niveau d'organisation : de la molécule organique (prébiologique) à la cellule vivante. Ce jeu qui, avec la profondeur du temps qui passe, nous semble avoir été lent et monotone, a probablement connu des périodes de crises. De nombreux essais ont été tentés, les uns sans lendemains (les « échecs »), les autres aptes à durer (les « réussites »). Insensiblement, les populations moléculaires ont interagi au sein des microgouttes. Des interdépendances se sont établies, prédéterminées par les inventions antérieures, favorisées par les rencontres fortuites, renforcées par les inventions en cours.

Ainsi, l'organisation des premières microgouttes résulte de l'association aléatoire de molécules de soupe primitive piégées par les lipides. Cependant, il est probable que parfois des espèces moléculaires différentes ont été piégées ensemble parce qu'elles avaient « l'habitude » de se tenir à proximité les unes des autres, se tenant par la main, possédant des affinités.

Dorénavant, les molécules dans leurs jeux, leurs fantaisies et leurs innovations devront tenir compte de la microgoutte « prébiotique » qui les héberge, qu'elles ont elles-mêmes enfantée et dont elles deviennent par là même les briques de construction et les ouvrières.

*

Les biomolécules les plus petites (à l'image de toute autre molécule organique ou minérale) sont nées des jeux combinatoires entre atomes. Soumises dès leur invention, dès leur naissance, aux conditions physico-chimiques du milieu, elles n'ont subsisté que si elles possédaient d'emblée (à leur naissance) une résistance aux conditions alors en vigueur, ou lorsqu'une implication dans des édifices moléculaires de plus grande taille les rendait moins vulnérables.

Les associations moléculaires de grande taille ont exprimé des propriétés nouvelles permettant un nouveau jeu « relationnel », réactionnel. En fonction de leurs « susceptibilités » vis-à-vis des conditions externes, certaines molécules ont eu tendance à former des colonies moléculaires dont les plus spectaculaires restent celles des lipides qui ont permis la délimitation de microrégions du cosmos.

D'autres molécules, différentes les unes des autres, mais exhibant des complémentarités, des affinités les unes pour les autres, ont développé une coopération. Le bénéfice parfois réciproque a lié (à vie) ces partenaires moléculaires. Leur liaison, dans cette aventure commune, les a « distinguées » des autres espèces moléculaires moins aptes à participer à la catalyse.

Les grands attributs de la vie : complexification des structures, délimitation d'espaces réactionnels, sauvegarde de zones d'échanges, catalyse, sont déjà présents dans ces fondements moléculaires.

2

Les options du vivant

L'espace délimité par les films moléculaires lipidiques devient le lieu cosmique privilégié des essais du pré-vivant. La problématique des microgouttes est la même que celle de nos usines contemporaines : besoins en matières premières et en énergie. Il s'agit pour elles d'inventer des moyens de puiser leurs ressources dans le milieu, conformément aux possibilités de l'époque (de l'ici et maintenant qui avait cours).

L'organisation des microgouttes passe nécessairement par une information sur le milieu extérieur, afin de gérer les échanges, et par une information sur le milieu intérieur, afin de gérer les transformations. Cette gestion implique une structure centrale coordinatrice, dotée d'un référent et tendant à rendre le système autonome, à l'affranchir autant que possible de ressources fluctuantes et de transformations aléatoires.

La molécule, via la colonie moléculaire, vient de donner une nouvelle entité : la microgoutte prébiotique (la microgoutte-presque-cellule), qui opère ainsi un changement de niveau d'organisation en créant une zone frontière entre un intérieur et un extérieur. En fait, le passage insensible des microgouttes aux cellules n'est autre que l'histoire de la résolution progressive de problèmes qui demeurent encore de nos jours les préoccupations des sociétés humaines. Les nouveaux venus « individus microgouttes - presque cellules » sont confrontés aux problèmes de survie, de pérennité.

Le livre de la vie

Au sein de la diversité des microgouttes, seules s'imposeront celles ayant une grande probabilité d'apparition, celles possédant une grande aptitude à durer ou celles « sachant » se reproduire identiques à elles-mêmes. Ce n'est véritablement que cette troisième catégorie qui « prend » vie. « Prendre » étant à comprendre au sens « d'acquérir » les attributs du vivant — en particulier l'autoreproduction — et au sens de « s'approprier » cette singularité autoreproductrice initialement détenue par les molécules d'acides nucléiques (voir p. 16, « S'aider et s'entraider »). L'approche des systèmes vivants nous fera découvrir que ces molécules renferment l'ensemble de l'information gérant le fonctionnement d'une cellule, d'un organisme.

Les microgouttes - presque-cellules résolvent peu à peu les questions de leur informatisation. Peu à peu, l'organisation ne sera plus abandonnée aux aléas des rencontres entre molécules sympathisantes. Ces rencontres seront gérées, codifiées. Les acides nucléiques vont réaliser une véritable mainmise sur l'information. Cette aptitude à stocker et à gérer l'information va radicalement différencier les acides nucléiques des autres familles moléculaires : protéines, glucides et lipides. Ces autres acteurs seront assujettis aux acides nucléiques, ils seront utilisés comme briques de construction de la cellule ou désignés comme exécutants au service de la machinerie cellulaire. Les protéines, glucides et lipides, marionnettes infatigables, interprètent, traduisent, expriment tant bien que mal les sentiments du meneur de jeu, du tireur de ficelles, qu'est l'acide nucléique manipulateur.

Chaque être vivant cache et protège jalousement en lui ce maître d'œuvre — pirate ou roi — qu'est l'acide nucléique (plus précisément l'ADN = *acide désoxyribonucléique*), molécule de base de ses *chromosomes*. L'ADN impose sa loi au vivant, mais de quelle loi s'agit-il ? Cette loi ne fait-elle pas elle-même partie intégrante du vivant ? C'est au fil de notre parcours que nous tenterons de répondre.

STRUCTURE DE L'ADN

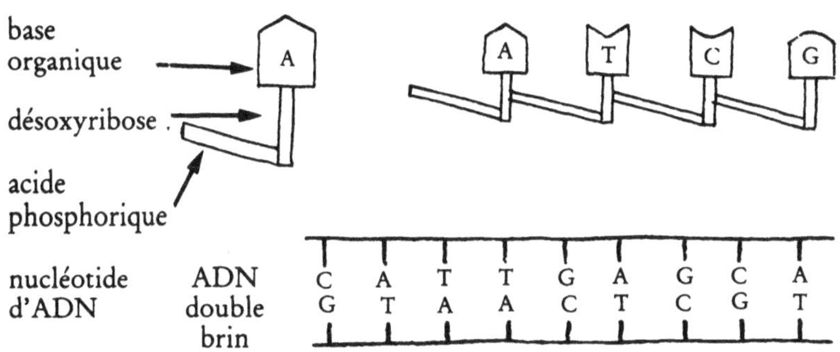

L'ADN (acide désoxyribonucléique) est constitué d'une succession de nucléotides. Chaque nucléotide est lui-même formé d'une molécule d'acide phosphorique, d'un sucre désoxyribose et d'une base organique. Il existe quatre bases organiques différentes : A (adénine), T (thymine), C (cytosine) et G (guanine). Chaque molécule d'ADN est constituée d'une échelle dont les demi-barreaux sont représentés par A et T qui sont complémentaires ou par C et G qui sont complémentaires.

Consacrons sans plus attendre quelque attention à nos chromosomes. Leur connaissance nous aidera à aimer d'autant plus leur intrépidité. Nous savons depuis une vingtaine d'années que toutes les cellules d'un même organisme contiennent les mêmes molécules d'ADN. Pour chaque cellule, cet ADN représente le grand livre de sa vie. L'ADN est l'analogue d'une bande magnétique où serait écrit un texte en langage moléculaire. L'alphabet utilisé comprend quatre lettres, les quatre *nucléotides* (A, T, C, G) composant l'ADN. Trois nucléotides côte à côte forment un mot, plusieurs mots côte à côte constituent des phrases. Chaque phrase est appelée *gène*. Un gène est l'unité d'information capable de générer, de gérer (*génotype*) un caractère de la cellule de l'organisme. (Le caractère exprimé, le phénomène, prend quant à lui le nom de *phénotype*.) Les phrases possèdent un sens pour la cellule ; par exemple, une phrase contient l'information nécessaire à la synthèse d'une protéine. Tout est prévu, y compris la ponctuation permettant de saisir le contexte, y compris les consignes pour une bonne lecture du texte. Cette information est exploitée au cours de la vie de la cellule mais elle doit également être transférée d'une cellule à sa descendance lors des multiplications cellulaires.

Au sein d'une cellule, l'ADN gère la fabrication de chaque biomolécule dont la synthèse n'est plus ni spontanée ni aléatoire comme elle l'était dans la soupe primitive. L'information supportée par l'ADN est tout d'abord traduite en termes de protéines, lesquelles sont soit des briques de construction du vivant, soit des molécules de fonctionnement. Ce sont les *enzymes*, dont les « accrocheuses » sont une image (voir p. 16, « S'aider et s'entraider »), qui représentent les molécules de fonctionnement les plus typiques. Il s'agit de substances qui régentent spécifiquement telle ou telle réaction biochimique, qu'il s'agisse d'une construction (*synthèse*) de molécule ou d'une destruction. Ainsi les « protéines-enzymes » gouvernent la fabrication des molécules appartenant aux familles des glucides, lipides et acides nucléiques. La traduction du message (contenu dans l'ADN) en termes de molécules de structure et de molécules de fonctionnement, ainsi que le rôle des enzymes dans la fabrication des autres molécules sont des exemples qui révèlent la complexité des interactions moléculaires dont la cellule est le théâtre.

Lorsqu'une cellule se transforme en deux cellules filles, chaque molécule d'ADN qu'elle contient donne naissance par duplication à deux molécules filles, équitablement distribuées dans les deux nouvelles cellules. De la sorte, l'information est intégralement conservée au cours de la filiation cellulaire (voir p. 55, « De mère en fille »).

Bien que le système de copie soit hautement performant, il

peut arriver qu'une erreur survienne. Le nouveau texte est alors différent du précédent. Il n'a plus de sens ou en possède un nouveau. La fréquence de ces erreurs, nommées *mutations*, reste faible (on estime qu'une erreur survient tous les 10 000 000 de copies d'un gène) mais elle est suffisante pour générer la nouveauté dans une population. Ainsi, de nouveaux caractères ou de nouvelles variantes d'un caractère apparaissent. Ces erreurs sont responsables du polymorphisme des individus. Elles font que tous les représentants d'une même espèce ne sont pas strictement identiques entre eux.

Il existe, de nos jours, plusieurs interprétations de l'histoire fascinante de la complexification des relations intermoléculaires. Plusieurs scénarios sont en effet possibles, mais ils reviennent toujours, en l'absence des molécules ancestrales, à interpréter les contes et légendes dont veulent bien nous bercer les molécules d'aujourd'hui, héritières de ce lointain passé.

Le mariage des acides nucléiques et des protéines

Dans la soupe primitive, à l'époque des microgouttes, des familles moléculaires avaient déjà inventé l'entraide, les proténoïdes ayant plutôt pour habitude d'aider l'autre (*catalyse*) tandis que les acides nucléiques s'aidaient plutôt « eux-mêmes » (autocatalyse). Les microgouttes qui n'enfermaient pas de molécules catalytiques étaient vouées à une vie courte. Tout au plus pouvaient-elles échanger quelques substances avec le milieu extérieur. Plus chanceuses devaient être celles enfermant des protéinoïdes ou des acides nucléiques. Mais les gagnantes ont dû être celles qui contenaient à la fois proténoïdes et acides nucléiques. Ceux-ci, enfermés les uns et les autres dans un même espace, pouvaient manifester leurs affinités éventuelles, essayer leur don pour la catalyse dans un échange réciproque de services. De là est née l'invention de la « catalyse réciproque ». Cette aide réciproque, née de rencontres et de longues vies conjointes au sein de la soupe, constitue un artifice remarquable d'accroissement de la complexité. Les relations deviennent codifiées. Ce mariage doit être envisagé avec attention, il constitue un événement majeur de l'histoire du vivant.

Depuis cet événement, le message génétique supporté par l'ADN est traduit en termes de protéines grâce à l'intervention de trois acteurs, des acides nucléiques appelés ARN (ARN = *acide ribonucléique*), cousins de l'ADN. La composition des ARN diffère de celle de l'ADN en cela que le d*esoxyribose* y est remplacé par du r*ibose* et la thymine par une autre base, l'uracile. Chaque molécule d'ARN comprend une seule demi-échelle qui est obtenue par transcription d'une demi-échelle d'ADN (C est transcrit en G et A en U).

Les premiers acteurs transmettent le message et sont appelés pour cette raison « ARN messagers ». Dans les cellules eucaryotes (compartimentées en cytoplasme et noyau), les messagers quittent le noyau et gagnent la proximité du réticulum endoplasmique où ils seront traduits en termes de protéines. L'ADN, quant à lui, version originale du texte génétique, est conservé dans le noyau, préservé ainsi des risques d'un usage banalisé. L'ADN représente le gardien de l'information, la matrice, le patron.

Les deuxièmes acteurs, les « ARN de transfert », sont les nains de l'histoire. Ils s'éprennent chacun (pas si bouffon que cela) d'un mot du message (porté par l'ARN messager) et d'un acide aminé (brique de construction des protéines). Par exemple, un ARN de transfert reconnaît d'une main le codon GCU du messager et de l'autre main l'acide aminé alanine correspondant ; un autre ARN de transfert reconnaît le codon GUA et l'acide aminé valine correspondant, etc. Ces nains, tenant d'une main un mot (trois lettres) du message et de l'autre un acide aminé, vont jouer le rôle de traducteurs. Il existe une vingtaine de nains s'éprenant chacun d'un acide aminé différent. Arborant leur acide aminé, les nains viennent le poster devant le seul mot du message qu'ils sachent traduire. Ainsi, de proche en proche, correspondra une séquence d'acides aminés (une protéine en germe) à une séquence de mots (suite de nucléotides) sur l'ARN messager (copie de l'ADN = matrice initiale).

Les troisièmes acteurs, les « ARN ribosomaux », sont logés dans les ribosomes, petits organites très nombreux (environ 15 000 dans une seule bactérie). Ces ribosomes fonctionnent comme des lieux de rencontre, de rendez-vous, entre les ARN messagers et les ARN de transfert. Leur surface cryptique accueille les formes complémentaires de ces visiteurs, favorise leur rapprochement, autorise leurs relations fonctionnelles.

En résumé, le texte génétique porté par l'ADN est transcrit sous forme d'ARN messager lui-même traduit en termes de protéine. De cette façon, un caractère génétique contenu dans l'ADN (génotype) est traduit, exprimé, en un caractère = une protéine (phénotype) qui aura un rôle bien défini dans la cellule.

Ce spectacle actuel de la synthèse des protéines ne dit pas la façon dont a pu s'établir, au cours des âges, une aussi subtile coopération entre autant de types moléculaires.

Les efforts faits pour comprendre ce mécanisme majeur de la vie nous autorisent à présenter ainsi le scénario très probable de cette chronologie. De courtes chaînes d'ARN, nées dans des conditions abiotiques, auraient été les premières molécules d'acides nucléiques à inventer l'autocatalyse. Elles s'autoreproduisaient. Les molécules d'ARN, plus ou moins repliées, plus ou moins pelotonnées sur elles-mêmes, auraient offert des sites où les acides aminés auraient pu se fixer par liaisons labiles. Les acides aminés, mis à proximité les uns des autres, pouvaient réagir préférentiellement, s'assembler. De la sorte, les ARN auraient manifesté des facultés de mise à proximité des acides aminés et d'agencement de ceux-ci selon un ordre préférentiel.

Puis, peu à peu, une différenciation des tâches se serait dégagée :

1. les ARN messagers se montrant particulièrement aptes à supporter une séquence informationnelle ;
2. les ARN de transfert se spécialisant dans la fonction de mise en concordance des séquences informationnelles et des acides aminés, briques de construction des protéines.

Il est probable que les ribosomes (organites faits de l'association d'ARN et de protéines) des cellules actuelles sont les vestiges de formes ancestrales d'association entre ARN et protéines qui ont présidé à l'établissement du code génétique, à la traduction de l'information génétique en protéines.

En dernier ressort, ce sont les protéines qui expriment l'information génétique. Elles ont chacune une fonction biologique bien établie au service d'une cellule, d'un organisme.

Ainsi, ce sont les génomes d'ARN qui auraient été inventés par le vivant et non ceux d'ADN. Il est très probable que les premières molécules d'ADN gardiennes de l'information génétique sont nées de la conversion de molécules d'ARN. (Le sucre ribose, caractéristique des ARN, est transformé en sucre désoxyribose caractéristique des ADN, par une enzyme, la *ribonucléoside diphosphate réductase*.)

C'est parce que les molécules d'ADN sont plus stables que les molécules d'ARN, moins vulnérables, qu'elles auraient été investies du rôle de gardienne de l'information génétique ; information dès lors suffisamment stable pour être transmise identique à elle-même de génération en génération de cellules.

En résumé, ce mariage permet le remplacement des proténoïdes nés de conditions abiotiques dans la soupe primitive par des protéines issues de la traduction de l'information contenue dans l'ADN. La cellule, tout d'abord construite de molécules nées hors de la cellule (molécules abiotiques), prend en charge la gestion de son organisation, elle s'informatise. Les systèmes vivants émergent du prébiotique.

La cellule, premier système vivant, dont les capacités de reproduction étaient préfigurées dans la fonction autocatalytique des acides nuléiques, peut maintenant être comprise par nous en termes de génotype, liste des caractères inscrits au niveau de l'ADN, et de phénotype, liste des caractères exprimés. Les caractères exprimés sont tout autant la liste des molécules constituant la cellule que leur forme respective ou leur aptitude à assurer une fonction. (Plus tard, pour un organisme, le phénotype désignera ses diverses spécificités, y compris certaines ayant trait à son comportement.) Les propriétés d'une protéine découlent de sa séquence en acides aminés (traduction de l'information génétique portée par l'ADN) et de sa forme (repliements de la chaîne d'acides aminés).

Une protéine peut être soit une brique de construction de la cellule, soit une enzyme qui permet la transformation par la cellule d'une substance en une autre substance, soit une hormone libérée par la cellule et allant gouverner le fonctionnement d'une autre cellule.

L'approvisionnement et la pénurie en matières premières

Les microgouttes aptes à proliférer grâce à leur ADN, c'est-à-dire munies du pouvoir d'invasion du milieu, étaient tributaires, pour leur approvisionnement en aliments, des seules lois physiques permettant la diffusion entre extérieur et intérieur au travers de leur membrane. Progressivement, au fil des générations, les cellules prennent une part active à leur approvisionnement. Des molécules particulièrement douées dans la reconnaissance des autres sont localisées dans l'épaisseur de la membrane et sont « chargées » par l'ADN (tout est maintenant gouverné par l'ADN) de repérer telle ou telle substance du milieu extérieur, de lui faire traverser la membrane. Ainsi, grâce à ces navettes transmembranaires, la cellule va opérer un véritable pompage de certains aliments. Mais ce travail est grand consommateur d'énergie.

Dès l'aube de « notre » histoire, l'approvisionnement en matières premières et en énergie, nécessaires au maintien des structures vivantes et à leur accroissement, devient le problème crucial.

Les premières cellules ne tardent pas à devenir victimes de leur succès. Leur pouvoir de puiser à qui mieux mieux dans la soupe épuise celle-ci. Les molécules de la soupe primitive sont mangées plus vite qu'elles ne se forment. L'histoire de la vie va-t-elle s'arrêter là ? Vers moins 3 à moins 2 milliards d'années, certaines cellules ont inventé une façon infaillible d'économiser les substances « digestes » de la soupe, voire de s'en priver.

En fait, les cellules n'avaient de cesse d'inventer de nouveaux « catalyseurs ». Mieux vaudrait dire : les cellules n'avaient de cesse d'inventer de nouveaux ADN informationnels, traduisibles en nouveaux catalyseurs. Ces catalyseurs entraient en concurrence avec ceux d'autres cellules, tentant de s'approprier les ressources alimentaires, ou tentant d'utiliser un mode d'alimentation encore inédit. De façon inattendue, certains catalyseurs se sont trouvés non seulement aptes à utiliser des matières organiques comme aliments, mais également des matières minérales. Les conséquences de cette petite espièglerie devaient être monumentales. Nous lui devons l'invention de tout le monde végétal, celle de nos forêts majestueuses. La trouvaille réside en une nouvelle façon d'utiliser les ressources. Ces cellules, ancêtres des végétaux verts, n'étaient plus tributaires du renouvellement aléatoire des biomolécules. Elles réalisaient elles-mêmes la transformation du minéral en organique. C'est ainsi qu'elles fabriquent les glucides à partir du gaz carbonique et de l'eau. Puis, secondairement, elles transforment ces glucides soit en lipides, soit en protéines par l'adjonction en particulier de groupements chimiques azotés, soit en acides nucléiques par adjonction en particulier de groupements chimiques contenant les uns du phosphore, les autres de l'azote.

L'épuisement de la soupe primitive en matières organiques ne prive pas seulement le vivant de briques de construction organiques mais également de l'énergie que peut libérer l'oxydation de ces substances. Aussi, devant l'épuisement de sa source de matière et de sa source d'énergie, le vivant se tourne non seulement vers le monde minéral pour y trouver de nouvelles ressources en matières mais également vers le soleil pour y puiser de nouvelles ressources en énergie.

La capture de l'énergie solaire a été réussie grâce à des molécules photosensibles (les chlorophylles). C'est l'énergie des particules lumineuses (photons) qui, captée par les chlorophylles, va permettre la transformation (ici une réduction accompagnée d'une hydrogénation) d'un certain nombre de molécules minérales (gaz carbonique = CO_2 ; nitrates = NO_3^- ; sulfates = SO_4^{2-}) en groupements chimiques organiques susceptibles d'entrer dans la composition des biomolécules ($-CHOH$ = construction des glucides ; $-CH_3$ = construction des acides gras ; $-NH_2$ = construction des acides aminés ; $-SH_2$ = construction de certains acides aminés).

Parce que de telles cellules, ancêtres des végétaux, semblent se nourrir à partir de rien, d'elles-mêmes, elles ont été appelées *autotrophes*. C'est bientôt l'invention des premières bactéries autotrophes puis des algues. Parce que l'énergie qu'elles utilisent pour réaliser la synthèse de leurs molécules organiques est issue des photons, ces cellules sont dites *photosynthétisantes*. Cette nouvelle biotechnologie de la transformation s'avère d'une grande efficacité pour les cellules la mettant en œuvre ; grâce à elle la masse de matière vivante (biomasse) s'accroît rapidement dans les mers. Le risque d'épuisement en matière organique est écarté, les mers se chargent à nouveau d'énormes réserves. Le vivant catalyse le vivant. Le vivant naît du vivant.

Les temps changent

Bientôt l'offre et la demande changent. La nouvelle profusion de matières organiques, produites cette fois non au sein du chaudron primitif mais au sein des cellules photosynthétisantes, permet l'explosion démographique de nombreux groupuscules jusque-là timides, effacés. Ces opportunistes (*hétérotrophes*) capables de se nourrir d'aliments organiques très divers (sucres, alcools, lipides, protides) provoquent un véritable raz de marée du vivant. Ces nouveaux conquérants préfigurent les futurs consommateurs (animaux) qui, inlassablement, se nourriront des producteurs (végétaux).

Le milieu de vie est peu à peu transformé par l'activité des êtres vivants.

Les producteurs consomment, entre autres, du gaz carbonique et de l'eau pour la synthèse de leurs molécules et rejettent de l'oxygène. Dans les hautes couches de l'atmosphère, l'oxygène formé se transforme en *ozone* qui filtre les rayons solaires ultraviolets. Cette modification du milieu *par* le vivant aura deux conséquences majeures *pour* le vivant.

D'une part, les cellules peuvent survivre dans des couches d'eau superficielles jusqu'alors bombardées par les rayons ultraviolets. Elles peuvent opter pour des interventions plus complexes mais trop fragiles pour avoir pu être retenues dans un passé trop riche en rayons.

D'autre part, l'oxygène libéré en grande quantité par les autotrophes (à l'époque des algues) est habilement recyclé par les hétérotrophes qui l'utilisent pour dépecer les molécules de sucres utilisés comme aliments énergétiques. Cette stratégie présente un avantage quantitatif considérable. En effet, les premières cellules hétérotrophes (d'avant l'invention de la photosynthèse) étaient privées de l'oxydant puissant que constitue l'oxygène.

Elles utilisaient d'autres oxydants plus faibles (certaines molécules organiques). Elles « fermentaient ». Alors qu'au cours de la *fermentation* les déchets de l'oxydation des aliments (en particulier des glucides) sont des acides ou des alcools qui renferment encore une importante quantité d'énergie, au cours de la respiration l'oxydation est plus complète, donne pour déchets ultimes du gaz carbonique et de l'eau et libère une plus grande quantité d'énergie. De la sorte, le rendement énergétique des biotransformations est accru. Le rendement de ces cellules *aérobies* est une prouesse. C'est sous forme d'activités diverses que les cellules restituent une part de l'énergie initialement contenue dans le glucose.

La façon de satisfaire la demande en matière et en énergie s'est grandement diversifiée à l'aube du vivant et les « organismes » encore limités à une seule cellule ont inventé un grand nombre de types de fonctionnement biochimique, de *types métaboliques*. Le métabolisme comprend l'ensemble des transformations accomplies par une cellule ou un organisme. Chaque transformation présente un aspect moléculaire (destruction ou synthèse) et un aspect énergétique (besoin ou libération d'énergie).

Le monde bactérien actuel nous donne probablement une bonne idée de la diversité qui devait exister voici près de deux milliards d'années. Les cellules étaient loin, dans leurs fantaisies, de notre régime tranquille à base de légumes, viandes (glucides, lipides, protides) et de grand air (oxygène). Il se trouve des bactéries capables de synthétiser elles-mêmes leurs matériaux à l'aide du gaz carbonique et de l'*acide sulfhydrique* (SH_2) en utilisant l'énergie solaire. Il s'en trouve d'autres qui puisent leurs briques de construction et leur énergie dans les substances fabriquées précisément par les précédentes. Certaines se nourrissent de glucides, de lipides, d'alcools, d'acides, d'autres encore puisent leur énergie dans l'ammoniac, l'hydrogène gazeux ou le soufre. Les unes respirent avec l'oxygène, les autres, dans les profondeurs des marais et faute de bouffées d'air, « respirent » avec les *carbonates* (il faut entendre par-là que les aliments sont alors oxydés non par l'oxygène mais par des carbonates). D'autres encore fermentent (il faut entendre par-là que les aliments sont alors oxydés par une substance organique). Elles transforment le minéral en organique, dégradent les cadavres et les déchets, enrichissent, appauvrissent les sols, les airs et les eaux.

Cette multiplicité de types métaboliques est déjà apte à nous faire saisir comment s'installe l'interdépendance entre les êtres vivants. Un type de fonctionnement est inventé, lequel va libérer des sous-produits dans le milieu. Le paysage écologique ainsi modifié offre de nouveaux possibles. La mise à disposition des sous-produits peut être une aubaine pour le développement ou l'invention d'acteurs qui sauraient les utiliser.

Il n'est pas rare que l'évolution se fasse grâce à des prototypes richement dotés et pouvant exhiber deux modes de fonctionnement. L'un, adapté aux exigences d'hier et d'aujourd'hui, lui permettait de vivre hier et lui permet de vivre aujourd'hui ; l'autre, adapté aux exigences de demain, lui permettra de vivre encore. Il semble qu'à toute époque le vivant, grand bricoleur, recèle dans ses vieux tiroirs quelques-unes de ces inventions jalousement cachées et aptes avant l'heure à jouer (ou déjouer) le jeu du milieu.

*

Le vivant n'a de sens qu'envisagé dans son historicité. Ainsi, les biomolécules sont nées (et ont duré) dans un univers singulier d'éclairs, de rayonnements ultraviolets, d'eau chaude, de laves et d'argiles. De même la structure des gouttelettes prévivantes et leur métabolisme ne peuvent se comprendre qu'en fonction des conditions de l'époque. Alors que les premières microgouttes prélèvent leurs matières premières organiques dans la soupe « faite » par un monde non vivant, plus tard, l'épuisement du milieu contraint le vivant à « faire sa soupe », à gérer lui-même la synthèse de ses propres constituants.

L'informatisation du vivant, quant à elle, dépend de trois aptitudes majeures : l'activité autocatalytique des acides nucléiques (aptitude à se reproduire de façon conforme = mémoire moléculaire), l'activité catalytique des protéines vis-à-vis de nombreuses autres molécules, le mariage possible entre acides nucléiques et protéines.

Nul ne peut dire si le vivant aurait existé dans un cosmos incapable de générer les acides nucléiques et les protéines dans des conditions abiotiques.

Nous pouvons seulement dire, *a posteriori*, que les conditions primordiales régnant à proximité de notre planète ont autorisé l'histoire que nous tentons de conter. Tout discours hors de cette historicité devient une spéculation.

3

Le temps des cellules

L'histoire du vivant nous révèle qu'il n'existe pas « d'origine du vivant » mais une succession d'acquisitions retenues à la faveur d'une multitude d'essais.

Après avoir inventé un plan d'organisation cellulaire proche de celui des bactéries actuelles, le vivant a joué avec les éléments constitutifs : tantôt adaptant une invention ancienne à la résolution d'un problème nouveau, tantôt faisant coopérer des éléments, tantôt en spécialisant d'autres. Peu à peu l'architecture de la cellule se précise, peu à peu son fonctionnement est plus sophistiqué. L'acquisition de potentialités nouvelles passe par une évolution incessante de l'architecture cellulaire et de son fonctionnement. Elle implique des modifications de l'information supportée par l'ADN. Ces modifications sont héréditaires, elles sont recopiées, puis léguées aux cellules filles, aux organismes de la descendance.

Nous voici, cheminant sur un nouveau parcours, dévoilant les stratégies, prouesses et astuces mises en œuvre par les cellules pour gérer la nouveauté, accroître les compétences, augmenter les rendements.

Promouvoir une invention ancienne

Les bicouches de lipides qui ont permis l'invention de la membrane cellulaire sont réutilisées comme matériau pour construire tout un réseau membranaire de canaux et de citernes à l'intérieur de la cellule. Les diverses régions de ce réseau (*reticulum endoplasmique granulaire* et *agranulaire*, *dictyosomes de l'appareil de Golgi*, *saccules*, *vésicules*, *lysosomes* et *vacuoles*) sont autant de structures assurant chacune une fonction bien précise : lieu de fabrication, de transport, de formation des molécules, de digestion des aliments. Ce réseau dévoile la fulgurante et subtile diversité réalisée à partir d'un même matériau ancestral : le double feuillet lipidique.

Les auto-assemblages

Les auto-assemblages permettent de comprendre comment le vivant construit une cellule avec des molécules. Les auto-assemblages opèrent en effet la construction de structures subcellulaires à l'aide d'édifices supra-moléculaires. Les grands polymères moléculaires s'associent en édifices qui sont « les organes » (*organites*) de la cellule. Parmi les exemples donnés ici, les premiers illustrent comment les associations moléculaires restent suffisamment libres pour que s'opère un « attachement-détachement » autorisant la mobilité des molécules et, au-delà d'elles, celle des organites, des cellules et des organismes. Les autres exemples montrent la précision des programmes de construction de ces auto-assemblages, véritables automates.

Dans le cas des feuillets lipidiques la colonie moléculaire résulte d'un comportement collectif des molécules (les chimères) vis-à-vis de l'eau ; c'est-à-dire d'un comportement collectif vis-à-vis d'une même condition du milieu environnant. Plutôt que de continuer à se référer à de telles exigences qui leur sont exogènes, certaines molécules des premières cellules s'en remettent à elles-mêmes, s'associent selon une complémentarité qui leur est propre ; une région de l'une ayant une affinité pour une région de l'autre. Les liaisons qui s'établissent peuvent être des liaisons « rigides » comme celles liant des atomes au sein d'une molécule, mais le plus souvent ce sont des liaisons « faibles » ; suffisamment solides pour assurer la cohésion du groupe de molécules mais suffisamment souples pour autoriser des changements de forme, de conformation. Ces colonies moléculaires, auto-assemblées, sont assez bien mimées par les guirlandes d'éléphants se tenant trompe à queue.

Les molécules qui, de nos jours, permettent la contraction musculaire sont les lointaines descendantes de ces premiers auto-assemblages. Ces molécules de forme filamenteuse (*myosine*) ou de forme globulaire (*actine*) s'associent en chaînes supramoléculaires formant des guirlandes au sein des cellules. L'actine est une guirlande de perles, la myosine une guirlande de crochets pouvant crocheter les perles. Une succession d'attachements-détachements permet aux deux molécules de se déplacer l'une par rapport à l'autre, provoquant en fin de compte une rétraction ou une élongation des cellules musculaires (voir p. 221, « Les conversions d'énergie »). Très tôt, le modèle « actine » a été largement utilisé par les cellules. Les chaînes se présentent comme des colliers où chaque perle est une molécule. Plusieurs chaînes peuvent être associées en torsade. Ces fibres sillonnent toute la cellule, constituent un maillage, véritable squelette cellulaire qui allie souplesse et résistance.

Les bactéries se déplacent grâce à de telles fibres construisant des flagelles flexueux (l'actine y est remplacée par une autre protéine globulaire, la *flagelline*), animée de mouvements sinusoïdaux harmonieux. Au laboratoire, un flagelle peut être expérimentalement disloqué en molécules de flagelline, puis il peut spontanément se reconstruire. Pour cela, quelques molécules s'assemblent spontanément, puis le flagelle continue à grandir. Les nouvelles molécules quittent le cytoplasme, cheminent dans le flagelle creux et vont se placer à son extrémité selon un agencement spiral. La structure tubulaire et l'agencement spiral confèrent une grande souplesse. La croissance du flagelle rappelle celle d'un cristal minéral qui grandit par addition répétée d'un même motif élémentaire ; les premières associations facilitant les associations à venir.

Un flagelle bactérien est déjà un bel exemple d'auto-assemblage, les molécules de flagelline possèdent une affinité pour leurs semblables.

Les cellules *eucaryotes*, plus élaborées que les bactéries, vont réutiliser ce type de tubules souples (où la flagelline est remplacée par une autre protéine globulaire, la *tubuline*) pour résoudre des problèmes de mouvement. C'est le long de tels tubules que nombre des constituants cellulaires se déplacent dans la cellule. Ces tubules servent eux-mêmes de matériau de construction pour fabriquer les *centrioles*, petits tonnelets qui, plus tard, au cours de l'histoire des espèces, se verront confier diverses fonctions de déplacement (voir p. 270, annexe « cellule »). Habituellement présents au nombre de deux, ils servent, lors de la division cellulaire, de centre d'attraction pour les chromosomes qui sont distribués aux deux pôles de la cellule lorsque celle-ci va se scinder en deux cellules filles. Chez certaines cellules, la taille des centrioles s'accroît démesurément, formant de véritables cils qui se prolongent dans le milieu extérieur. Cette augmentation de longueur les met au service de la mobilité des algues, des protozoaires, des spermatozoïdes. D'autres fois, chez les organismes « évolués », ils recouvrent en grand nombre la surface des cellules, tapissant les voies de transit. Animés de mouvements coordonnés — comme un champ de blé sous le vent —, ils assurent le reflux, dans la trachée artère, des particules indésirables ayant tendance à cheminer vers les poumons, ou encore ils permettent le transfert des ovules le long des trompes utérines, de l'ovaire à l'utérus.

Un autre exemple élégant d'auto-assemblage est donné par les ribosomes, petits *organites* cellulaires (d'une taille d'environ 25 nanomètres) spécialisés dans la lecture de l'information supportée par les ARN messagers. Ces têtes de lecture sont constituées de deux sphères, l'une grosse, l'autre petite. Chacune est faite d'une molécule d'ARN (ARN ribosomal, voir p. 27, « Le mariage des acides nucléiques et des protéines ») et de protéines associées. Dans l'exemple de la bactérie *Escherichia coli*, la grosse unité contient deux molécules d'ARN (dites 23 S et 5 S) à un exemplaire chacune et 34 protéines différentes, la plupart à un exemplaire chacune. La petite unité contient une molécule d'ARN (dite 16 S) et 21 protéines (différentes des 34 de la grosse unité) à un exemplaire. Chaque ARN, chaque protéine occupe une place bien précise dans l'édifice.

Au laboratoire, toutes ces briques de construction peuvent être dissociées expérimentalement. Replacées ensemble dans des conditions favorables, elles se réassemblent dans un ordre précis. Un stade d'assemblage autorise le stade suivant. Chemin faisant, l'édifice en construction crée l'information nécessaire à la poursuite de la chaîne de montage. Les protéines, en se fixant sur les molécules d'ARN, induisent un léger changement de forme de celles-ci. Cette nouvelle conformation de la molécule d'ARN dégage des sites de fixation, crée l'information, le signal, l'affinité, nécessaires à une nouvelle adjonction moléculaire. Une fois les deux sous unités (les deux sphères) construites, elles s'assemblent.

Bien d'autres exemples pourraient être donnés de tels auto-assemblages minutieux et en particulier la construction des *particules virales*. Dans le cas du virus T_4 se reproduisant dans *Escherichia coli*, trois chaînes de montage assurent l'assemblage des pièces détachées (protéines). La première assure la construction de la boîte-tête qui contient la molécule d'ADN du virus. La deuxième assure la construction du dispositif de fixation (plateau) du virus sur la bactérie et d'injection (axe tubulaire, gaine hélicoïdale) de la molécule d'ADN informationnelle dans la bactérie. La troisième assure la construction de fibres caudales qui participent à la reconnaissance de la bactérie par le virus.

La séquence de chaque chaîne de montage est gouvernée par l'information génétique supportée par l'ADN du virus. Cependant, pour chaque chaîne, les différentes protéines s'assemblent dans un ordre défini, un assemblage modifie la conformation dans l'espace des protéines assemblées, fait émerger une information spatiale : naissance d'une aptitude à l'intégration dans le futur édifice de la « protéine-brique de construction » suivante.

L'invention des auto-assemblages est très astucieuse. Un seul type ou un nombre restreint de types moléculaires suffit pour construire des édifices de grande taille et de structure complexe, exprimant des qualités nouvelles. La cellule fait ainsi économie d'information. Mieux vaut construire un édifice avec un grand nombre d'éléments simples utilisant plusieurs fois la même information simple, qu'utiliser une seule fois une information complexe, plus sujette à erreur. Par ailleurs, une part d'initiative, d'autonomie, est déléguée par l'ADN aux molécules de structure. Celles-ci sont codées de manière à être non seulement assemblables mais de plus auto-assemblables.

Le vivant est prodigieux d'astuces, « son comportement astucieux » serait même sa plus grande invention. Il est ingénieux au point de faire parfois économie d'invention. Comme le bricoleur, il peut utiliser un élément préfabriqué ; entendons fabriqué par un autre. Comme l'artiste, il peut incorporer à un paysage un élément d'abord exogène au décor.

L'emprunt de technologie

Leroi-Gourhan nous a montré comment les civilisations humaines ont utilisé l'emprunt technologique d'un groupe ethnique à l'autre pour rendre de plus en plus efficace leur maîtrise du milieu de vie. De nos jours, cet « emprunt » poussé à l'excès s'est transformé en un véritable espionnage des techniques et des idées. La consigne est : « Ne perdons pas de temps et d'énergie à inventer ce qu'autrui a déjà réalisé. »

Dans les cellules modernes, deux organites (les organes de la cellule) semblent avoir été empruntés. Aussi curieux que cela paraisse, ils correspondraient eux-mêmes à des cellules de petite taille que la cellule hôte aurait avalées, intériorisées voici déjà 1,5 milliard d'années. Il s'agit, d'une part, des *mitochondries* rencontrées tant dans les cellules animales que végétales et spécialisées dans la respiration et, d'autre part, des *chloroplastes* rencontrés uniquement chez les végétaux verts et spécialisés dans la capture de l'énergie lumineuse (voir p. 221, « Les conversions d'énergie »). Il semble bien que les grand-mères des mitochondries et des chloroplastes aient été proches parentes des grand-mères des bactéries actuelles. Plusieurs arguments sont en faveur de cette interprétation et en particulier la taille identique des mitochondries, chloroplastes et bactéries, leur organisation générale similaire et le fait que mitochondries et chloroplastes possèdent de l'ADN qui leur est spécifique, différenciable de l'ADN de leur cellule hôte.

Les ancêtres des mitochondries devaient avoir développé, au plus haut point, la faculté de puiser l'énergie contenue dans les aliments en les oxydant grâce à l'oxygène. Une cellule moins spécialisée dans cette voie a dû avoir quelque avantage à emprunter, à faire un usage privatif de cette invention par un autre. Leurs relations devaient être très intéressées. De nos jours, les cellules hôtes (par exemple les cellules humaines) bénéficient d'un grand nombre de molécules fabriquées ou transformées au sein de la mitochondrie. En retour la mitochondrie devait avoir quelque avantage à habiter chez cette copine (la cellule hôte). Peut-être y trouvait-elle un milieu nutritionnel riche (la soupe secondaire) et même des aliments prédigérés lui convenant bien.

Ainsi, la mitochondrie, logée dans la cellule, correspond à un emboîtement d'une structure dans une autre. Cet emboîtement (*endobiose*), né d'une relation probablement à bénéfice réciproque (*symbiotique*), ouvre la voie à une hiérarchisation de l'organisation. Il crée deux niveaux différents d'organisation. L'ancêtre de la mitochondrie, cellule autonome, devient un organite cellulaire. Le résultat en est une complexification du vivant, un accroissement des potentialités du nouvel édifice par rapport aux potentialités des éléments précédemment non associés.

Les chloroplastes constituent un exemple similaire. Leurs ancêtres devaient déjà être particulièrement aptes à capter l'énergie lumineuse grâce à des chlorophylles ou à d'autres pigments. Cette énergie est mise à profit par la cellule hôte pour fabriquer ses propres molécules (glucides, lipides, etc.) à partir d'éléments minéraux.

Peu à peu, s'installe une première dichotomie dans le monde vivant. D'une part, les premiers représentants du monde végétal envahissent le milieu (*cellules autotrophes* ayant intériorisé les chloroplastes) et, d'autre part, prolifèrent les premiers représentants du monde animal (*cellules hétérotrophes* incapables de se construire à partir d'éléments minéraux et seulement capables de transformer l'organique déjà construit par les autotrophes).

Au cours de l'évolution du vivant, le principe d'endobiose (emboîtement de structures préinventées) sera souvent essayé tant au niveau cellulaire que moléculaire. Au niveau cellulaire, un essai d'intégration est illustré par la vie de bactéries *Rhizobium* dans les racines d'une famille de végétaux (les *Légumineu-*

ses), qui regroupe les haricots, luzernes, genêts, etc. Ces bactéries ne séjournent dans les racines qu'à une période de leur existence mais il s'établit alors une association intime entre la bactérie et la cellule hôte. Les racines des Légumineuses développent des nodules qui abritent les bactéries dans leurs cellules. Les nodules sont alors capables de fixer l'azote atmosphérique nécessaire à la synthèse des protéines, grâce à une enzyme *(nitrogénase)* sécrétée par les bactéries. Curieusement, les cellules du nodule fabriquent une molécule (*leghémoglobine*) très semblable à notre hémoglobine. Celle-là, en fixant l'oxygène, permet d'en régler le taux à une valeur propice au fonctionnement de la nitrogénase. La plante devient alors apte à pousser sur un sol pauvre en nitrates, source d'azote habituelle pour les végétaux verts.

L'emprunt de technologie s'opère également entre molécules. Des virus sont capables d'incorporer leur ADN dans l'ADN d'une cellule hôte. Plus subtilement, certains sont capables de transférer un fragment d'ADN d'une cellule dans une autre cellule, réalisant par là même un transfert d'information. Ces transferts sont particulièrement fréquents chez les bactéries où un fragment d'ADN supportant une information génétique peut être prélevé par un virus dans une bactérie et transporté dans une autre bactérie.

Les emprunts de technologie, les transferts d'information ont dû jouer un rôle très efficace au cours de l'évolution des espèces. A toutes les époques de l'histoire biologique, à chaque instant de la vie des individus, les associations sont légion. Elles gouvernent les grands équilibres écologiques dans la nature, qu'elles soient fugaces, durables ou définitives et qu'elles soient à bénéfice réciproque ou au détriment d'un des acteurs.

La cellule modèle n'existe pas

Durant de nombreuses années la *paramécie*, protozoaire de nos mares, a été présentée aux jeunes écoliers comme le modèle de la cellule. Il est vrai que malgré sa petite taille (à peine un quart de millimètre) elle sait tout faire, comme un organisme évolué : se déplacer, avaler, digérer, respirer, excréter, se reproduire. Chaque fonction est réalisée grâce à une exploitation poussée des ressources proposées par les divers organites. Ses organites sont spécialisés. De nombreux centrioles, hypertrophiés en autant de cils hérissés autour d'elle, lui permettent de se mouvoir. Les proies, bactéries et autres organismes microscopiques, sont piégées dans une invagination de la membrane cellulaire — véritable filet de basket-ball (*péristome*), dont les mailles (en actine) restent souples et déformables. Le filet s'ouvre dans une seconde enclave « pharynx » (*cytopharynx*) dont le fond particulièrement déformable est apte à englober (*phagocyter*) les captures dans une poche (*vacuole*). Alors, débute la digestion de l'aliment englouti. Si l'aliment contient des éléments indigestes, ceux-ci sont transportés par la vacuole jusqu'à la surface cellulaire puis ils sont rejetés.

Le milieu intracellulaire étant beaucoup plus concentré en molécules que la mare environnante, les paramécies attirent l'eau vers l'intérieur pour s'hydrater, au risque d'éclater. Pour éviter cette fin, elles ont su mettre au point un système savant de pompage de l'eau, grâce à deux vacuoles pulsatiles fonctionnant alternativement et inlassablement.

Ce roman n'est que le propre roman de la paramécie. Il n'existe pas de modèle. D'autres cellules diraient d'autres romans. Le propre du vivant est d'être multiple.

La diversité du monde unicellulaire

La paramécie possède de nombreuses cousines tant dans les mares que dans les mers. Ce sont des milliers de noms propres que nous découvririons en ouvrant les grands livres des actes de naissance, filiations et extinctions des êtres unicellulaires (ouvrages de *systématique* que les chercheurs, en particulier paléontologistes, ne cessent de nourrir de noms nouveaux).

Certaines cousines des paramécies vivent en végétaux, utilisant l'énergie solaire sous la surface de la mer. Ce sont les *Diatomées* protégées par une coque imprégnée de silice, les *Péridiniens* dont certains peuvent, occasionnellement, se nourrir de proies comme un animal, les *Cyanophycées* qui ne possèdent pas de vrai noyau cellulaire (contrairement aux autres cellules végétales). D'autres ont un mode de vie typiquement animal et ne seront plus obligatoirement limitées à une vie dans les couches d'eau superficielles. Ce sont les *Foraminifères* protégés par une coque généralement calcaire et dont de nombreuses espèces vivent sur les fonds vaseux, les *Acanthaires*, capables de flotter passivement ou de se déplacer activement sur l'axe vertical, étalant ou rétractant des prolongements cytoplasmiques (véritables parachutes) et les *Radiolaires*, au squelette siliceux, remarquables tant par la complexité de leurs formes que par leur esthétique, et dont la flottaison est favorisée par des gouttelettes d'huile localisées dans leur cytoplasme.

Le feu d'artifice des noms recèle la diversité des modes de vie et la multiplicité d'innovations face à un même problème. Ainsi les *Flagellés* usent de flagelles pour se déplacer, les *Ciliés* de cils et les *Rhizopodes* de pseudopodes, tandis que plus récemment dans l'histoire des espèces les *Sporozoaires* optant pour une vie parasitaire ont abandonné leur aptitude à se mouvoir.

LA MULTIPLICITÉ DU MONDE UNICELLULAIRE

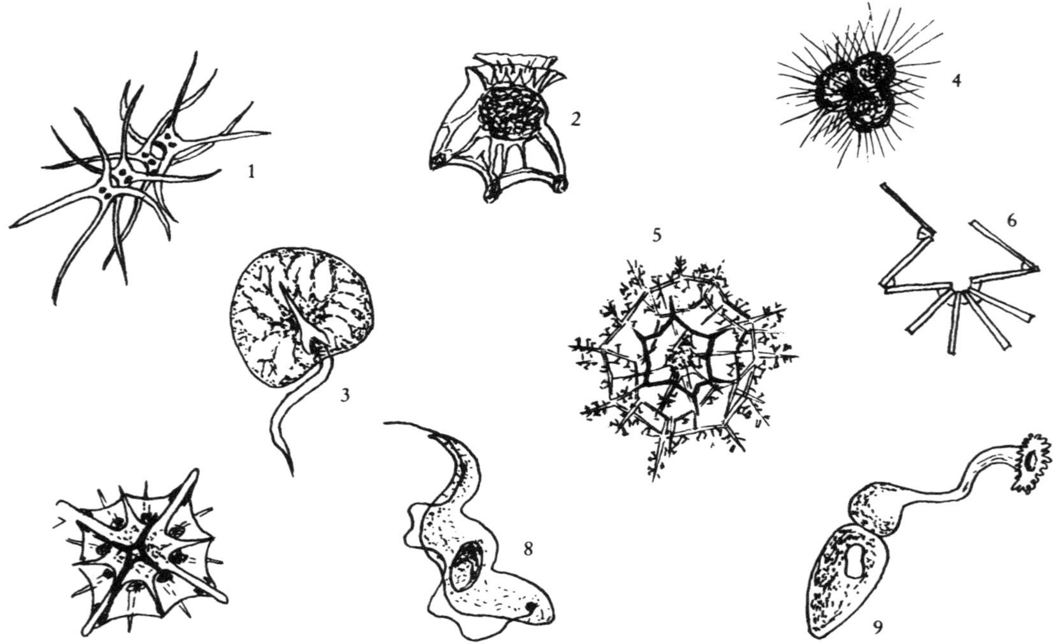

1. Diatomée : *Chaetoceros lorenzianus* ; 2. Péridinien : *Ornithocercus magnificus* ; 3. Péridinien : *Noctiluca miliaris* ; 4. Foraminifère : *Globigerina bulloïdes* ; 5. Radiolaire : *Cœlacantha ornata* ; 6. Diatomée : *Thalassiothrix frauenfeldii* ; 7. Acanthaire : *Acanthostaurus purpurascens* ; 8. Zooflagellé : *Trypanosoma gambiense* ; 9. Sporozoaire : *Menospora polyacantha*.

Ces exemples nous montrent que le vivant ne se limite pas à la réussite d'un modèle, son véritable succès réside dans la diversité des êtres. Plus de 50 000 espèces existent chez les seuls Foraminifères. Des formes étonnantes, en flocons de neige, sont apparues chez les Radiolaires, et aussi en cloches et vases à collerette chez les Ciliés. Les coques calcaires ou siliceuses qui constituent un véritable squelette pour la cellule *(cytosquelette)* autorisent un accroissement de la taille comparativement à celle des cellules ancestrales. Ces squelettes sont encore l'occasion d'ornementations : anneaux, baguettes, côtes, cornes, épines et spicules qui peuvent laisser rêveurs les philosophes à la quête du sens de l'esthétique.

Cellules sœurs

Les bactéries se reproduisent par division binaire ; une cellule en donne deux. Ces cellules peuvent se séparer, mener une vie indépendante puis se diviser à leur tour. Dans certaines espèces, les cellules issues d'une division ne se séparent pas mais restent associées en un point de leur paroi. Leur cohésion semble assurée par une substance gommeuse. Ainsi les cellules bactériennes peuvent rester associées en chaînette ou en amas.

Ces essais d'associations seront également tentés par les Cyanophycées, cellules de plus grande taille que les bactéries, plus évoluées, mais dont les molécules d'acide nucléique ne sont pas encore enfermées dans un *noyau* protecteur comme le seront plus tard ceux des cellules des organismes pluricellulaires. Les Cyanophycées forment des filaments constitués d'une file de cellules retenues dans une gaine mucilagineuse qu'elles sécrètent.

Cette tendance à former des colonies cellulaires se retrouve chez diverses algues unicellulaires. Les *Volvox* ont édifié la colonie familiale la plus sophistiquée que l'on connaisse. Les cellulessœurs ne se séparent plus au moment de leur naissance, elles se répartissent à la surface d'une sphère et sont maintenues à proximité l'une de l'autre par un gel qu'elles sécrètent. Chaque colonie renferme quelque 20 000 cellules, mais la vie n'y est pas désordonnée. Les cellules sont reliées par de petits ponts cytoplasmiques qui permettent les échanges de molécules de l'une à l'autre. Une information peut alors circuler, coordonner les mouvements ciliaires de ces cellules ; la sphère se trouve animée d'un mouvement vertigineux de rotation, elle peut efficacement se déplacer. Le Volvox constitue déjà un organisme en ce sens qu'il possède un développement conduisant à une organisation spatiale de cellules présentant une différenciation fonctionnelle au service soit de la nutrition, du déplacement ou de la reproduction. Cette organisation préfigure celle des organismes plus évolués où les cellules fonctionnent de concert au service de l'individu tout entier.

A l'occasion de bien des balbutiements, les cellules vont se comporter en éléments de construction de systèmes plus vastes : les organismes pluricellulaires. Les cellules y formeront des ensembles intégrés (les tissus) où elles seront en communication les unes avec les autres et où un rôle propre leur sera dévolu.

Les algues rouges actuelles illustrent assez bien ce que devait être la plupart des tissus, rudimentaires et simples, de l'époque des premiers organismes vivant voici un milliard d'années. Les cellules y sont disposées en lignes, constituant des « filaments » juxtaposés les uns aux autres. Les champignons modernes, y compris cèpes et truffes, possèdent une texture à base de tels filaments.

La division du travail

Parmi le groupe des animaux, les éponges (*Spongiaires*) sont un des premiers systèmes vivants pluricellulaires. Leur organisation, simple, se limite à un sac enveloppant une cavité générale qui a valeur d'enclave digestive. Notre curiosité gagnera à porter quelque attention à ce « sac ». Les éponges ne le savent pas, mais dans leur simplicité elles préfigurent déjà l'organisation tissulaire des animaux les plus évolués, et donc en particulier celle des *Homo sapiens.*

La zone la plus externe du sac (*ectoderme*) est constituée d'une couche de cellules plates jointives.

La couche la plus interne (*endoderme*) est tapissée de cellules spécialisées (*choanocytes*) dans la capture des aliments. Ces cellules possèdent un long flagelle érigé au centre d'une collerette plasmique. Les courants d'eau provoqués par les mouvements du flagelle projettent les proies, souvent des bactéries, à la surface externe ou interne de la collerette. Les proies capturées sont alors ingérées (phagocytées) à la base de cette collerette, puis digérées.

L'espace entre ectoderme et endoderme est occupé par un gel où cohabitent de nombreux types cellulaires. Il est critiquable de lui décerner le nom de tissu, mais plutôt que de prendre position sur ce point mieux vaut regarder avec intérêt l'activité biologique dont il est le théâtre. Dans cet espace, entre ectoderme et endoderme, des *collencytes* sécrètent une gelée où vont siéger ou circuler les autres types de cellules. Des *scléroblastes* y sécrètent des spicules (calcaires ou siliceux), éléments d'un squelette rudimentaire. Des cellules de type nerveux y relient, par des fibres, les cellules de l'ectoderme et de l'endoderme. Des cellules mobiles (*mégacytes*) y phagocytent les éléments étrangers. Enfin des *gonocytes*, susceptibles d'évoluer en spermatozoïdes ou en ovules, y assurent la reproduction.

Les éponges nous offrent un premier exemple élégant de division du travail. A partir d'une cellule œuf, elles ont su diversifier leurs cellules. A chaque type cellulaire est dévolu un rôle, une fonction, au bénéfice de l'organisme entier.

Les éponges exhibent aussi une diversité de stratégies au service de leur propension à se reproduire et à essaimer. Elles pratiquent la reproduction sexuée ; elles sont soit à sexes séparés, soit hermaphrodites. Elles peuvent aussi se reproduire par simple bourgeonnement. Les rejetons ont même patrimoine héréditaire que l'éponge initiale. Il vaut mieux dire qu'il s'agit d'autres exemplaires du même individu. Enfin elles manifestent un haut pouvoir de régénération et sont capables de reconstituer facilement une partie arrachée de leur corps.

Les choanocytes ressemblent à s'y méprendre à des protozoaires, les *Choanoflagellés*, unicellulaires possédant également un flagelle et une collerette pour la capture des proies mais menant une vie libre, autonome.

La ressemblance est telle que nous pourrions penser que les choanocytes sont des choanoflagellés venus, à une certaine époque de l'histoire du vivant, s'associer à une éponge. De telles associations entre deux êtres vivants existent en effet. Elles sont particulièrement bien illustrées par les lichens : associations entre algues unicellulaires et champignons. Ces deux êtres se multiplient maintenant de concert dans le super-organisme lichen. Mais, dans le cas de l'éponge, il s'agit d'un tout autre mécanisme. Les choanocytes sont des cellules d'éponges à part entière. Comme les autres types cellulaires, ils naissent au cours du développement embryonnaire. Ils sont donc issus de l'œuf-éponge, ils ne sont pas importés. Il faut donc reconnaître que Choanoflagellés et choanocytes ont été inventés séparément. Leur ressemblance est simplement la conséquence de la mise en œuvre répétée d'une même stratégie du vivant face à la nécessité de se nourrir, de capter et d'ingérer les proies.

En résumé, les éponges nous apprennent qu'au cours d'un développement embryonnaire, des cellules peuvent se différencier les unes des autres et acquérir des fonctions spécialisées au service de l'organisme entier. Par ailleurs, les Choanoflagellés et les choanocytes nous enseignent qu'une invention (ici la collerette au service de la capture des proies) peut être réalisée plusieurs fois par le vivant. Cette convergence des formes au service d'une même fonction sera mise en œuvre au niveau d'organes entiers chez des êtres vivants plus complexes (voir p. 155, « Un même problème, une même invention »).

De mère en fille

Le parcours qui nous a conduit de niveau d'organisation en niveau d'organisation ne doit pas nous faire oublier que, partant des atomes, les innovations des molécules, des êtres unicellulaires et enfin celles des organismes pluricellulaires ne peuvent s'imposer que si elles sont durables et transmises à une descendance.

Nous avons eu l'occasion de dire que dans la source primitive la plupart des microgouttes n'avaient pas encore inventé la filiation. Elles naissaient côte à côte. Certaines seulement, se nourrissant à partir du milieu, augmentaient de taille jusqu'à ce que, pour des raisons physiques, elles se scindent en deux. Les plus favorisées, les ancêtres des premières cellules, ont incorporé des acides nucléiques, support de l'information et aptes à se reproduire (voir p. 27, « Le mariage des acides nucléiques et des protéines »). A partir de cette innovation, les êtres unicellulaires, et plus tard les organismes, auront chacune de leurs caractéristiques gouvernée par leur ADN. Au moment de la division d'une cellule, l'ADN est recopié.

Le mécanisme est apparu très tôt. La copie d'une molécule mère est facile à comprendre. En effet, la molécule d'ADN est comparable à une échelle dont les barreaux seraient coupés en leur milieu. Chaque demi-barreau supporte un motif moléculaire (A, T, C ou G). Les motifs d'une demi-échelle sont complémentaires des motifs le long de l'autre demi-échelle (voir p. 24, « Le livre de la vie »). Peu avant une division, les deux demi-échelles s'écartent. Puis pour chaque demi-échelle, des enzymes s'appliquent à disposer des nucléotides (disponibles dans le noyau) face aux demi-barreaux. De la sorte deux échelles complètes sont construites à partir d'une ancienne. En résumé, la molécule mère donne naissance à deux molécules filles identiques et constituées chacune d'une moitié de la molécule mère et d'une moitié nouvellement construite. Ces deux copies issues de la cellule mère en division contiennent la même information que la molécule mère, et sont distribuées identiquement dans chacune des deux cellules filles.

Les cellules appartenant à des espèces différentes contiennent des quantités différentes d'ADN. Les bactéries ne referment qu'une molécule d'ADN, mais au cours de l'histoire de la vie, des cellules plus complexes que les cellules bactériennes sont apparues, nécessitant plus d'information pour les gérer. L'information est alors contenue dans plusieurs molécules d'ADN (plusieurs chromosomes). Bientôt, chez les algues et les protozoaires, les chromosomes seront enfermés (protégés ?) dans un noyau.

La reproduction cellulaire (appelée encore division ou multiplication cellulaire) produit du nombre, elle joue la carte du quantitatif.

Une autre stratégie de filiation a été précocement mise en jeu par les unicellulaires. Elle ne joue pas seulement la carte du quantitatif — produire du nombre — mais elle joue aussi la carte du qualitatif : produire du différent. Il s'agit de la reproduction sexuée qui permet la réunion de stocks de caractères (ou tout au moins de variantes de caractères) initialement séparés chez deux individus parentaux.

Le principe en est simple, mais il a nécessité le doublement de l'information génétique, le doublement du nombre des chromosomes. Chaque chromosome est présent deux fois dans chaque cellule. L'information génétique est inscrite en totalité dans n types de chromosomes différents mais la cellule possède deux fois cette information. C'est-à-dire qu'elle contient une paire de chaque type de chromosome, soit n paires (soit 2n chromosomes). Dans ces conditions, la reproduction sexuée d'une espèce est autorisée par l'alternance dans le temps de cellules à n et de cellules à 2n chromosomes. Au cours d'une division particulière *(méïose)*, une cellule contenant en double l'information génétique (cellule à 2n chromosomes) va donner des cellules ne contenant qu'un seul exemplaire de l'information génétique (cellules à n chromosomes). Une de ces cellules à n chromosomes pourra fusionner avec une autre cellule à n chromosomes de la même espèce mais d'origine parentale (sexuelle) différente. Il s'agit de la *fécondation* qui conduira à une cellule à 2n chromosomes.

Cette cellule obtenue (à 2n chromosomes) sera soit en elle-même un organisme (unicellulaire), soit un œuf, point de départ d'un organisme pluricellulaire. Au cours de leur rencontre, les deux cellules n, qui ont valeur de *cellules sexuelles (gamètes)* ont un comportement différent, un comportement sexué qui se différenciera au cours de l'histoire biologique en comportement mâle ou femelle.

Dans le modèle humain qui nous est cher, deux êtres sexués à 2n chromosomes donnent des gamètes à n chromosomes qui en fusionnant redonneront naissance à un être sexué à 2n chromosomes. Ainsi alternent des êtres à 2n et des gamètes à n chromosomes. Mais toutes les espèces sexuées ne répondent pas à ce modèle. De nombreuses fantaisies, en particulier chez les êtres unicellulaires et chez les végétaux, sont possibles au cours de l'alternance des formes à n et 2n chromosomes. Pour ne donner qu'un exemple, chez la laitue de mer (l'algue *Ulva lactuca*) il existe trois sortes d'individus : mâle, femelle et asexué. Les pieds asexués (qui possèdent 2n chromosomes) donnent naissance à des spores (n) qui, en germant, donnent soit des pieds femelles (n), soit des pieds mâles (n). Les pieds sexués donnent eux-mêmes naissance à des gamètes (ovules ou spermatozoïdes n). Les gamètes en se réunissant forment un œuf (2n) qui se développe en un embryon ne donnant qu'un pied d'*Ulva lactuca* adulte asexué.

Que dirions-nous si notre sexe était déterminé par un troisième larron, de surcroît asexué, c'est-à-dire ni homme ni femme, mais qui aurait nécessairement droit de cité. Voici le sort de la laitue de mer !

La reproduction sexuée est une source inépuisable de variabilité au sein de l'espèce. Par elle les individus diffèrent les uns des autres. Nous constaterons (voir p. 107, « Multiplicité des individus et populations») que ce polymorphisme intraspécifique est un facteur capital de survie des espèces.

*

Le plan d'organisation de la cellule moderne s'est édifié au cours d'un jeu entre composants supramoléculaires aptes à s'auto-assembler. La complexification a cheminé grâce à l'enrichissement, de cellule à cellule, en technologies inventées çà et là par des stratégies différentes.

D'une cellule à l'autre, la diversité est née par des variations sur un thème; les organites y exhibant ou non telle ou telle potentialité fonctionnelle. Ainsi, apparaît une multitude d'organismes unicellulaires manifestant de multiples variantes, nuances de la vie.

Puis de nouvelles possibilités ont été offertes à la stratégie de la multiplicité du vivant, lorsque l'organisation pluricellulaire naissante a autorisé une diversification des cellules au sein d'un organisme. Cette spécialisation des «unités fondamentales du vivant» que sont les cellules s'est faite au service de la croissance, de la reproduction et de la protection.

La diversité s'installe non seulement au sein d'un organisme mais aussi au cours du temps où les êtres vivants, jouant de la distribution de leurs caractères héréditaires, s'accouplent, donnant naissance à un nouvel être à la fois identique pour ce qui est des grandes options mais aussi unique en cela qu'il lie de façon encore inédite des caractères jusqu'alors disjoints chez ses ascendants.

4
Le temps des organismes

Voici environ un milliard d'années, parcourant son chemin sur la voie de la complexification, le vivant invente les êtres pluricellulaires. Les cellules filles, issues de la division de la cellule mère-œuf, ne se séparent plus. La colonie cellulaire s'organise, s'engage dans une histoire individuelle au cours de laquelle elle se structure selon un plan d'organisation défini. Dès lors, le jeu du vivant accède à un niveau supérieur d'organisation, celui des organismes.

Chez les êtres pluricellulaires, les fonctions vitales s'expriment au niveau des organes, lesquels sont les analogues des organites cellulaires. La respiration assurée jusqu'alors par la mitochondrie cellulaire nécessite l'invention de structure d'échange de type branchies et poumons. La distribution des nutriments se fait le long de vaisseaux qui rappellent les réseaux membranaires intracellulaires. Les appendices, membres, ailes, servent la locomotion des organismes comme les cils, flagelles, pseudopodes servent celle des cellules.

L'évolution biologique œuvre au niveau des organismes, créant une double multiplicité. Au sein de chaque individu, elle autorise une profusion de spécialisations ; les cellules se diversifiant à partir de la cellule œuf unique. Au sein des systèmes écologiques, elle invente plusieurs plans d'organisation, tant dans le règne végétal (algues, mousses, fougères, etc.) que dans le règne animal (éponges, crustacés, mollusques, poissons, etc.). Elle laisse essaimer une multitude d'espèces qui sont autant de variantes d'un même plan d'organisation ; variantes aptes à mener des modes de vie complémentaires.

Alternance et simultanéité : le berceau de la multiplicité des êtres

C'est à un étrange exotisme que nous convions l'*Homo sapiens* en lui proposant, pour quelques lignes, la compagnie de *Ulva lactuca*, *Chlamydomonas*, *Cutleria*, *Aglaozonia*, *Bougainvillea ramosa*, *Obelia gelatinosa*, *Polypodium* et d'*Hydractinia echinata*. La fantaisie de ces organismes traduit les multiples essais du vivant sur la voie de la spécialisation fonctionnelle et de l'efficacité face au milieu de vie à coloniser. Il faut bien convenir que notre « mamallo-utéro-centrisme » a quelques difficultés à s'accommoder des choix de nos compagnes vivantes *Obelia*, *Cutleria* et autres.

Si nous étions des *Chlamydomonas*, nous serions des algues unicellulaires mobiles et pourrions coloniser le milieu de deux façons, soit par multiplication asexuée (une cellule se divisant en deux cellules filles), soit par reproduction sexuée. Dans ce dernier cas, l'être unicellulaire que nous serions pourrait (en se scindant plusieurs fois) donner naissance à trente-deux petites cellules qui, en fait, une fois libérées dans le milieu pourraient se comporter en gamètes. De leur rencontre avec une autre cellule gamète issue d'une autre cellule mère naîtrait un œuf, origine d'un nouvel individu unicellulaire. Il est curieux de constater qu'excepté leur petite taille, les gamètes ont le même aspect que les organismes unicellulaires qui leur ont donné naissance.

Cutleria est une algue brune dont l'espèce (comme celle de

Ulva lactuca, voir p. 55, « De mère en fille ») offre trois types d'individus, une femme, un mâle, un asexué. Chez cette espèce, l'asexué est si différent des deux autres que pendant longtemps il a été pris pour une autre espèce baptisée du nom d'*Aglaozonia*. Dans la nature, les individus sexués produisent un œuf qui donne un individu asexué. Celui-ci libère des spores qui, en germant, donnent des individus sexués. Cet exemple montre que la stratégie d'alternance permet l'apparition d'individus à potentialités différentes. Elle a aussi gagné le monde animal et nombre d'insectes modernes la pratiquent encore. Elle leur permet une large spécialisation et diversification des tâches.

Dans les temps anciens ce sont les *Cnidaires*, apparus voici environ six cents millions d'années, qui ont le mieux illustré les essais de spécialisation fonctionnelle autorisés par la stratégie de l'alternance. Le Cnidaire, *Bougainvillea ramosa*, bougainvillier de la mer, est un animal en forme de plantule. Celle-ci naît d'un œuf qui se fixe sur un support, développe une trame radiculaire et une arborescence où, à l'extrémité de chaque rameau, va germer une petite *méduse* qui se détachera et mènera une vie libre dans les eaux. Il est bien délicat de dire si ce petit parachute rencontré au gré des courants marins est un organisme à part entière. Il est en fait l'un des nombreux exemplaires de méduses qu'un bougainvillier peut produire. La méduse est plutôt l'analogue d'une fleur, un organe de l'arbre. Les méduses sœurs contiennent toutes strictement la même information génétique. Il existe donc, de façon étrange, deux catégories d'êtres vivants chez le bougainvillier, les uns fixes, les autres mobiles.

Chez *Obelia gelatinosa*, les individus fixes (polypes) issus de l'œuf assurent les fonctions de nutrition et de défense de la colonie. Ils bourgeonnent des méduses qui mènent une vie libre et auxquelles est dévolue la fonction de reproduction sexuée. Ces méduses possèdent des glandes sexuelles (*gonades*). La réunion de cellules sexuelles, mâle et femelle venant de deux méduses différentes, donnera un œuf, origine d'un nouvel individu fixe asexué (polype) doué des fonctions de nutrition et de défense.

Chez d'autres espèces de Cnidaires formant les bancs de coraux, le polype ne libère plus de méduses et assure lui-même la fonction de reproduction sexuée. Il libère des gamètes. Nous n'avons pas le privilège de contempler de tels coraux le long de nos côtes, mais nous pouvons toujours y rencontrer *Hydractinia echinata* qui vit sur les coquilles abritant un bernard-l'hermite (*Pagure*) et se développe à partir d'un œuf donnant naissance à une colonie de polypes élégamment diversifiés. Les uns sont reproducteurs munis de gonades, les autres sont nourriciers munis d'une bouche, d'autres enfin sont défenseurs munis de batteries de « cellules-harpons » (les *cnidoblastes*). Ces cellules, caractéristiques des Cnidaires, traduisent à elles seules une véritable stratégie militaire. Elles enferment un long repliement membranaire en forme de « doigt de gant retourné » pouvant être promptement déployé. Une fois sorti de son fourreau, il se trouve hérissé de crochets permettant de harponner et de déchirer les tissus de l'ennemi.

Ce voyage exotique nous a offert la découverte d'un univers où l'organisation des êtres vivants pluricellulaires en est à ses balbutiements. La pluralité des formes, des structures et des fonctions au sein d'une même espèce s'installe tout d'abord à la faveur de l'alternance de populations puis ensuite sur le mode « colonial ». L'exemple des Cnidaires est pertinent à cet égard. Un œuf donne naissance à une « colonie » ou chaque polype peut être regardé comme l'analogue des « organes » qui nous sont familiers chez les « organismes » plus évolués. Chaque polype, comme plus tard dans l'histoire du vivant chaque organe, est voué à une seule fonction : de reproduction, de nutrition ou de défense. Peu à peu, au cours des temps, l'individualisation, la régionalisation iront s'améliorant (voir p. 121, « La naissance de l'individualité »). Cela est à comprendre du point de vue de l'individu (organisme) qui devient mieux discernable, mieux délimité dans l'espace que chez les éponges ou les coraux, mais aussi à comprendre du point de vue des organes, plus hautement différenciés, spécialisés au sein de l'individu, et agencés en système d'organes.

Trilogie tissulaire : le berceau de la multiplicité des organes

De l'invention d'un troisième tissu par le vivant naît une véritable révolution de l'organisation des êtres.

Les éponges *(Spongiaires)*, les coraux et méduses *(Cnidaires)* et leurs cousines (les *Cténaires*) sont édifiés à l'aide de deux tissus : l'un *(ectoderme)*, en relation avec l'extérieur, est spécialisé dans la défense et la préhension des aliments, l'autre *(endoderme)*, à localisation interne, est voué à la fonction de digestion. Les cellules reproductrices sont soit nichées dans l'épaisseur de l'ectoderme, soit disséminées dans une région moyenne entre l'endoderme et l'ectoderme. C'est de cette région médiane (voir p. 52, « La division du travail ») que naît une véritable révolution.

De nouvelles espèces de cellules naissent de la mise à profit de cette zone jusqu'alors en sommeil. Très tôt dans leur développement embryonnaire, des cellules, jusqu'alors peu spécialisées chez les espèces plus anciennes, manifestent de nouvelles potentialités et édifient un troisième feuillet tissulaire : le *mésoderme*. Ce nouvel acteur prolifère et interagit avec les deux premiers élus : l'ectoderme et l'endoderme. Les jeux, les interactions vont se complexifiant. De nouvelles inventions, de nouvelles spécialisations sont possibles. Les vers plats (*Plathelminthes*) font leur apparition. Bientôt, d'autres espèces, au corps plus volumineux (au mésoderme volumineux), nécessitent un système sophistiqué de distribution des gaz respiratoires. L'appareil vasculaire édifié à partir du mésoderme (l'acteur numéro trois) se

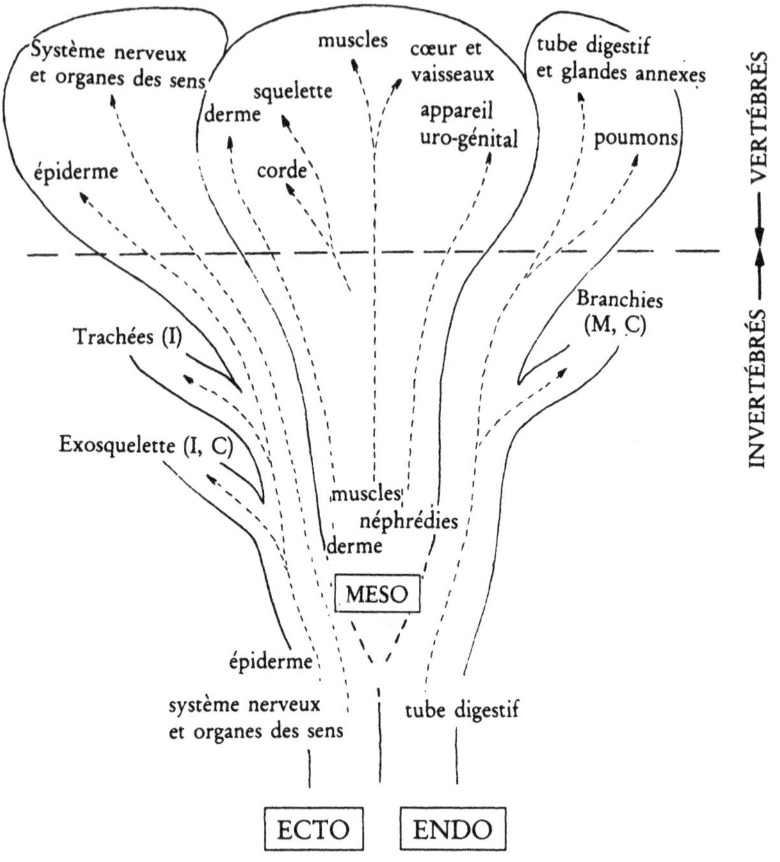

LA TRILOGIE TISSULAIRE
(Schéma de l'auteur.)

C = Crustacés, I = Insectes, M = Mollusques.
(Les *néphrédies* inventées les premières sont d'origine ectodermique, puis les plus récentes sont mésodermiques. Chez certains invertébrés leur fonction est encore mal définie entre l'excrétion des déchets et la libération des cellules sexuelles.)

différencie. Les vers ronds (*Némathelminthes*) font leur apparition. La locomotion gagne de l'importance à la faveur de la régionalisation d'un axe antéro-postérieur débutant par une tête et longé de masses musculaires.

L'accroissement de taille implique un métabolisme plus exigeant ; les besoins en aliments et en gaz respiratoires augmentent et davantage de déchets sont rejetés. Le vivant répond à ces nouvelles nécessités par l'invention d'organes excréteurs et le développement d'un tube digestif régionalisé. La locomotion et la capture des proies qu'elle facilite appellent une meilleure perception de l'environnement, une intégration des informations sensorielles, une réponse plus rapide aux stimulations. Ces exigences sont peu à peu résolues chez les espèces plus modernes par une accentuation de la céphalisation. La tête se spécialise de façon remarquable. Elle devient une « tête chercheuse » chargée de palpeurs sensoriels et une « tête centrale » abritant les réseaux nerveux de traitement de l'information.

La nature s'en donne alors à cœur joie dans les essais, les subtilités, les variantes. La diversification des organes éclate en un gigantesque feu d'artifice, elle sous-tend une nouvelle multiplicité des espèces. C'est le départ vers les *Mollusques* et les *Arthropodes* (*Insectes, Crustacés, Arachnides*). Le mésoderme s'est définitivement imposé. De la trilogie tissulaire (ecto, méso, endo) naît la multiplicité des plans d'organisation. La diversification des espèces s'accélère. Mais c'est finalement la lignée des Cordés, donnant naissance aux Vertébrés, qui mettra le mieux à profit les potentialités du mésoderme.

Des matériaux composites dans les systèmes vivants

Les matériaux composites envahissent de nos jours les technologies de pointe, en particulier l'aéronautique. Mais, déjà, ils avaient été inventés à l'aube du vivant.

Nos organismes, nos cellules, possèdent une structure de matériaux composites. La cellule dans son cytoplasme associe les éléments d'une texture semi-rigide - semi-souple (*microfilaments, microtubules*) et d'une matrice visqueuse (une solution des diverses molécules du milieu intracellulaire). Grâce à cette structuration, une des propriétés majeures du vivant, la déformabilité, peut apparaître.

Les propriétés mécaniques (de résistance des matériaux) du vivant autorisent la mobilité, la nage, la marche et la reptation ; le jeu de nos viscères, l'élasticité des ligaments, des muscles et des vaisseaux ; la résistance à la compression, à la traction, à la torsion et à la flexion de notre squelette.

L'analogie entre les matériaux vivants et les matériaux composites industriels est très forte. Dans les deux cas, la déformabilité conjugue les propriétés élastiques d'une texture de renfort et les propriétés de viscosité d'une matrice jouant le rôle de ciment, de *liant*. Dès les temps anciens, l'Homme a emprunté les matériaux composites à la nature. Les tissus vestimentaires étaient exclusivement des tissus organiques : lin, chanvre, coton, laine, crin. De nos jours, les progrès les plus éclatants dans la technologie de résistance des matériaux ne sont dus qu'à la perspicacité des ingénieurs à comprendre et à copier l'œuvre de bricolage, mais combien performante, de la nature.

Chez les végétaux, les fibres de cellulose remplacent les fibres et les trames de verre, de carbone et d'aramide de nos productions techniques. Elles permettent aux arbres tropicaux d'aller chercher la lumière à plusieurs dizaines de mètres de hauteur. La *lignine* occupe la place des résines polyester, époxy et polyamide.

Chez les animaux, les textures de renfort sont constituées de grandes protéines filamenteuses élastiques : fibres de *collagène*, d'*élastine*, tandis que la matrice est composée de molécules hybrides en partie protéique, en partie glucidique (les *protéoglycans*), reines de la viscosité. Les tissus constitués de la sorte (*tissus conjonctifs*) sont légion. Ils emballent les organes et leur autorisent une motilité relative, ils construisent les ligaments, les tendons, les articulations (*cartilage*) et le squelette (*os*).

Les matériaux composites industriels non seulement associent les propriétés de leurs divers constituants mais permettent en outre l'émergence de propriétés nouvelles. Ainsi une microfissure de ce matériau hétérogène ne se propage pas comme dans un matériau homogène de type verre ou métal. La microfissure reste limitée aux quelques fibres touchées. De façon plus surprenante encore la fissure n'entraîne pas de perte de résistance de l'édifice (rotor, etc.). Les lignes de contraintes se redistribuent dans la partie du réseau composite restée indemne. La défaillance locale de la structure est ainsi sans conséquence sur l'intégrité fonctionnelle. Les matériaux composites offrent un comportement systémique global apte à effacer une défaillance locale. Comme les matériaux composites industriels, les tissus vivants possèdent ces propriétés surprenantes.

Parce qu'ils sont composites, les tissus biologiques confèrent tout à la fois flexibilité et élasticité, résistance aux chocs et aux diverses contraintes mécaniques. Mais ce n'est pas tout. Les matériaux vivants possèdent une propriété hors de portée de leurs cousins industriels, ils sont autoréparables. En effet, les molécules formant les fibres et les matrices, bien que situées hors de cellules (extracellulaires) sont des productions de celles-ci. Les cellules hébergées par les ligaments, cartilages, os sont les artisans des matériaux composites. Grâce à la nature de leurs sécrétions, elles entretiennent à tout moment les conditions de vie propices au bon état des fibres et des matrices. Elles peuvent encore remplacer les molécules extracellulaires vieillies, réparer une lésion. Enfin, elles constituent, en elles-mêmes, un élément du matériau.

L'os représente probablement le matériau vivant le plus inattendu et le plus méconnu. Trop souvent nous le considérons comme une structure minérale, inerte, morte. Il stigmatise assez bien l'image d'une « biologie morte » que laissent malencontreusement dans nos esprits les visites des musées chargés de la grisaille de squelettes, plumages et pelages ternis par le temps et la poussière.

L'histoire de l'os — remarquablement doté des propriétés du vivant — n'est pas limitée aux périodes embryonnaires mais se poursuit durant toute l'existence d'un individu.

Aux stades embryonnaires, les fibres de la trame de renfort (collagènes et élastines) et la matrice-liant (protéoglycans) sont sécrétées par les cellules du cartilage qui maintiennent également les conditions propices à leur propre vie (sécrétion de substances acides et de sels minéraux). Puis, plus tard, au cours du développement, de nouvelles conditions physiologiques vont s'imposer : invasion par les vaisseaux, variation des taux d'hormones (en particulier, chute du taux de l'hormone de croissance). Le cristal d'os (*hydroxyapatite* = $Ca_{10}(PO_4)_6(OH)_2$) se dépose alors sur la trame organique formant un os primaire. Mais ce matériau composite poursuit ses transformations ; le tissu osseux est digéré, remanié puis remplacé par des réseaux de cristallisation plus denses (os secondaire). La distribution de ces réseaux n'est pas totalement déterminée par l'information contenue dans l'ADN de l'individu mais dépend des contraintes mécaniques subies par le squelette. L'os augmente de taille — diamètre et longueur —, se laissant digérer au contact de la moelle et se reconstruisant à la périphérie. A l'âge adulte l'os reste apte à s'auto-entretenir, à se réparer, à se remodeler en fonction des lignes de contraintes — pression ou tension — auxquelles l'individu le soumet.

Face aux agissements de la gazelle, de l'éléphant, de l'haltérophile ou du rond de cuir, l'os se remet en cause, et ceci, les matériaux composites inventés par notre industrie ne savent pas le faire.

De l'intériorisation de l'environnement à l'extériorisation de soi

Nous avons eu l'occasion de dire comment le vivant, en inventant la cellule, a trouvé le moyen d'intérioriser le milieu de vie. Mais la cellule n'est pas seulement une parcelle de cosmos isolée. Elle demeure un système ouvert. Elle reçoit ressources nutritives et énergétiques, elle rejette des déchets. Maintenant intégrée à un organisme, système plus vaste d'ordre supérieur, la cellule participe, en tant qu'élément, à la cohérence de ce système. Elle exporte alors les produits de son industrie biochimique à l'extérieur de son cytoplasme. D'une part, elle fabrique, comme nous venons de le voir, les matériaux de construction de son environnement structural composite. D'autre part, elle règle les constantes physicochimiques et biologiques de son environnement ; qu'il s'agisse de la teneur en sels minéraux ou en diverses molécules organiques du liquide interstitiel, de la sève des végétaux, de la lymphe ou du sang des animaux. Les cellules gèrent ainsi leur milieu extérieur. Nées dans les temps primordiaux d'une soupe, elles font maintenant leur soupe. Enfin, elles sécrètent des substances au service de l'organisme dont elles font partie, qu'il s'agisse d'enzymes favorisant les réactions biochimiques ou d'hormones allant gouverner à distance le fonctionnement d'autres cellules, ou encore de neuromédiateurs assurant la propagation de l'information (de cellule nerveuse à cellule nerveuse). Par l'exportation des produits de leur industrie biochimique, les cellules ont la mainmise sur les facteurs décisifs de l'individualisation des organes et du fonctionnement physiologique des êtres pluricellulaires. Elles deviennent éléments de structure et de fonctionnement d'un système plus vaste qu'elles, « l'organisme », comme jadis les biomolécules étaient devenues éléments de structure et de fonctionnement du système « cellule ».

Corde et colonne

Des premiers pas de l'enfant à l'ascension sociale, du rêve des poètes au mythe d'Icare, ne s'agit-il pas toujours de la même détermination de l'Homme à vivre debout ? Fier symbole de sa volonté, de son désir d'aller toujours plus haut, la verticalité de l'Homme a émergé du long périple des espèces. La nature n'avait pas d'intentionnalité, elle ne savait pas qu'elle œuvrait, au fil de millions d'années, à l'édification de la colonne de la verticalité. Le paléontologiste préoccupé de délier les branches confusément enchevêtrées de l'arbre généalogique, de réconcilier les branches maladroitement disjointes, de déceler les filiations et de nommer les espèces, scrute les nimbes du passé. Il y dévoile alors tour à tour : la colonne érigée de l'homme, la colonne non encore érigée des quadrupèdes, la *corde* de nos ancêtres lointains. Cette corde nous allons la suivre, fil d'Ariane s'amenuisant dans la remontée du temps, se perdant dans le dédale des essais.

A l'encontre de notre habitude de soutenir que les espèces « descendent » les unes des autres, il serait plus opportun de s'imaginer qu'elles « montent » les unes des autres. Chemin faisant, cette image aurait pour le moins l'avantage de rendre compte de l'émergence, à partir d'espèces ancestrales, d'un « plus performant », d'un « plus complexe ».

Allant de l'adulte à l'embryon, nous découvririons que la colonne vertébrale s'édifie à partir d'un axe *mésenchymateux* (la *corde* ou *chorde*). C'est autour de cet axe que s'organisent les corps vertébraux, partie la plus antérieure des vertèbres, tandis que la partie postérieure de celles-ci, en forme d'anneau, laisse passer la moelle épinière. Adultes, nous conservons les vestiges de cet axe embryonnaire représentés par les disques intervertébraux. Leur nucléus, doté d'une relative résistance à la compression et d'une bonne élasticité, absorbe les ondes de choc et les contraintes qui assaillent notre squelette au cours de la déambulation, de la manipulation d'outils ou de la manutention.

Çà et là, nous rencontrons d'autres conformations de colonnes que celle liée à la verticalité : colonne des herbivores adaptée à la fuite, colonne des carnivores adaptée à la poursuite, colonne ondulante des reptiles, mais aussi, colonne ancestrale peu différenciée des poissons.

Si la plupart des poissons actuels possèdent une colonne bien minéralisée (bien ossifiée), cohabitent avec eux des espèces peu évoluées et qui ont conservé le squelette cartilagineux inventé voici quelque 470 millions d'années.

La lamproie actuelle donne une assez bonne idée des premiers poissons chez qui, même à l'âge adulte, les points d'ossification étaient peu développés le long de leur corde et chez qui la mâchoire n'avait pas encore été inventée. La larve de la lamproie (l'*Ammocète*) jalonne plus loin encore dans le passé notre marche vers l'origine. Sa ressemblance avec l'*Amphioxus* nous dévoile que les poissons primitifs seraient pour le moins de vagues cousins de ce petit animal marin, né il y a environ cinq cents millions d'années, et que l'on peut encore rencontrer sur nos côtes (les paléontologistes ont tenu de grands discours sur ces degrés de parenté sans pouvoir vraiment trancher). Larve de lamproie et Amphioxus mènent une vie identique, à demi enfouis en position verticale dans la vase. Laissant dépasser leur tête, ils se nourrissent de particules organiques amenées à leur bouche par les mouvements d'un voile ciliaire. L'Amphioxus possède une corde, sa cavité buccale (pharyngienne) est perforée

HISTOIRE DE NOTRE COLONNE VERTÉBRALE

LARVES OU EMBRYONS

Autres Vertébrés (ici embryon de Mammifère)	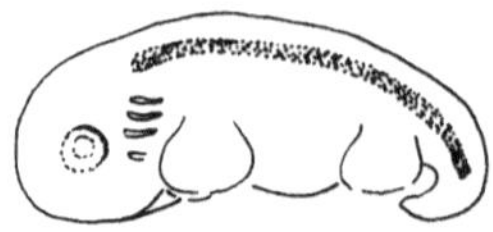	corde
POISSON OSSEUX		corde (nage)
LAMPROIE	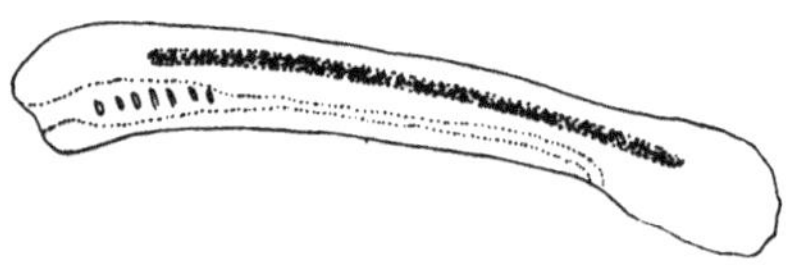	corde (nage) pharyngotrémie
AMPHIOXUS	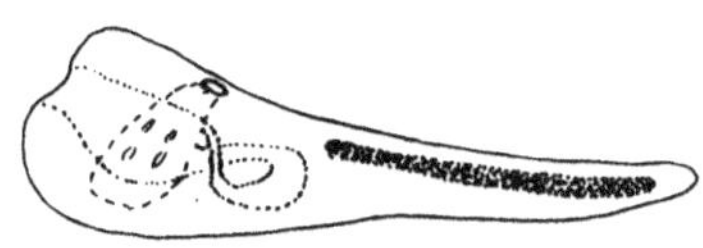	corde (nage) pharyngotrémie
ASCIDIE	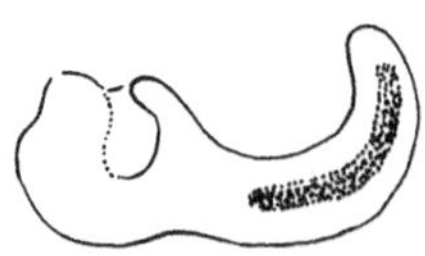	corde (nage) pharyngotrémie
STOMOCORDÉ	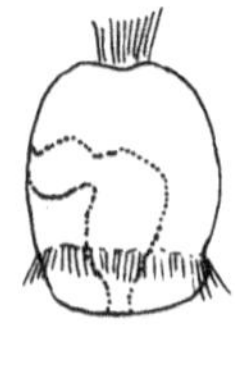	larve ciliée (nage) pharyngotrémie

ADULTES

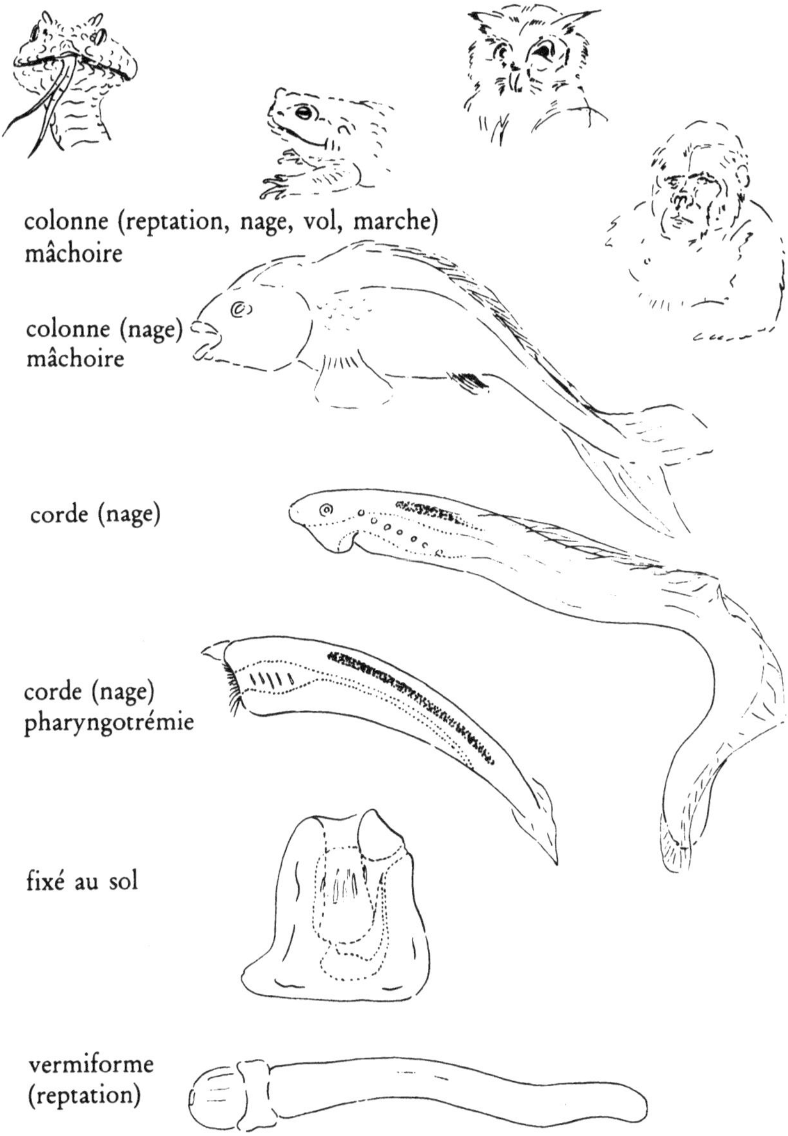
colonne (reptation, nage, vol, marche)
mâchoire
colonne (nage)
mâchoire
corde (nage)
corde (nage)
pharyngotrémie
fixé au sol
vermiforme
(reptation)

(comme le sera celle des poissons) de fentes latérales permettant l'évacuation du courant d'eau ayant drainé les aliments. Il est un des premiers animaux à posséder un système nerveux en position dorsale. Sa corde constitue un axe squelettique élastique jouant en antagoniste des muscles. De ces interactions naissent des ondulations latérales propices à la nage. Par ces caractères, l'organisation de l'Amphioxus se rapproche de celle des Vertébrés qu'elle préfigure.

Poursuivant notre descente dans les âges, la corde qui nous a guidés jusque-là dans notre périple va nous faire défaut. Les Amphioxus font en effet partie du groupe d'animaux les plus anciens ayant une corde. Pour cette raison, l'acquisition de la corde caractérise ce groupe appelé, avec pertinence, les *Cordés*. Les *Ascidiés*, autres *Cordés* que l'on peut également rencontrer sur nos côtes, sont des parents archaïques des Amphioxus. L'adulte de l'Amphioxus et l'adulte de l'Ascidie, inadapté à la nage, ne se ressemblent en rien. Par contre, l'Amphioxus adulte ressemble au têtard de l'Ascidie qui, lui, sait nager. L'Amphioxus semble s'être complu dans le stade embryonnaire de son ancêtre.

Ce point de notre parcours illustre comment les paléontologistes peuvent remonter plus loin dans le temps, bien que ce fil d'Ariane soit interrompu tout au moins pour le caractère envisagé (ici la corde). Il s'agit de déceler un relais, une invention, un organe encore présent chez l'animal ayant inventé la corde et déjà présent chez des animaux plus anciens considérés dès lors comme des ancêtres possibles. Ici, le relais a été trouvé chez l'Ascidie.

Les adultes des Ascidies, en forme de tonnelet, mènent une vie sédentaire et se contentent de filtrer le plancton grâce à un pharynx en trémie (pharyngotrémie). Dès lors, notre chemin vers les origines ne peut être poursuivi qu'à la condition de troquer le fil d'Ariane-corde contre le fil d'Ariane-pharyngotrémie. La pharyngotrémie est en effet la principale invention de cette époque reculée permettant de rapprocher les Cordés d'autres invertébrés marins (les *Stomocordés*). Les uns et les autres se nourrissent de la même manière et présentent diverses similitudes de développement embryonnaire. Ces espèces sont toutes plus ou moins vermiformes, mais les affinités et les filiations que l'on peut établir entre elles deviennent incertaines. Leur arbre généalogique est évanescent. Il dévoile cependant encore que l'embryon des Stomocordés a quelques caractères communs (larves ciliées et nageuses) avec les larves des étoiles de mer *(Echinodermes).*

Si nous lisons maintenant l'histoire de la colonne vertébrale dans l'autre sens, dans le sens normal du cours de l'évolution, nous découvrirons que l'acquisition de la colonne vertébrale, au service d'une mobilité toujours mieux adaptée à la quête de la nourriture, va de pair avec l'acquisition de la mâchoire permettant la préhension de grosses proies. Le régime microphage filtrant des Cordés est remplacé par le régime macrophage prédateur des *Vertébrés*[1]. Bientôt cette recherche active de la nourriture engage les Vertébrés vers l'acquisition de systèmes sensoriels et moteurs de plus en plus sophistiqués.

Cette histoire de notre « corde-colonne » est aussi l'histoire de l'effort incessant opéré par les évolutionnistes pour déceler ce que le passé recèle de l'histoire des espèces, de cette histoire nommée précisément *histoire phylétique* (de *phylum*, fil). Bientôt nous devrons faire plus ample réflexion et rechercher les moteurs de l'évolution. Nous devrons dépasser les images qui, de l'étoile du poète à l'étoile de mer et du fil d'Ariane au fil des espèces, nous ont conduits vers nos très lointains ancêtres.

1. Vertébrés est écrit avec une majuscule car il désigne le groupe zoologique s'étant différencié des autres groupes par l'invention des vertèbres. A l'encontre, invertébrés est écrit (dans cet ouvrage) avec une minuscule car il désigne non un groupe zoologique mais un ensemble de groupes, ceux n'ayant pas inventé les vertèbres mais ayant chacun une organisation biologique différente : Spongiaires, Mollusques, Insectes, etc.

De la mastication à l'audition

Il n'est pas rare qu'au cours de l'évolution, un « matériau » soit libéré de la fonction qu'il remplit chez une espèce, pour s'en voir assigner une autre chez une espèce plus récente. L'invention de l'*oreille moyenne* des Mammifères est un bel exemple de ce transfert de fonction.

Cette oreille est située entre l'oreille externe, le pavillon, qui piège les sons et l'oreille interne dont le limaçon est tapissé de cellules sensibles aux vibrations. Des fibres nerveuses captent les réactions de ces cellules sensorielles et transmettent l'information au système nerveux central. Les vibrations sont transmises du fond du pavillon (tympan) à la fenêtre (fenêtre ovale) de l'oreille interne par la chaîne d'osselets : marteau, enclume et étrier, de l'oreille moyenne.

La comparaison des os du crâne chez les Poissons, Reptiles et Mammifères, montre que ces trois os n'ont pas toujours occupé la même place. Les poissons n'ont d'ailleurs pas d'oreilles et perçoivent les vibrations de l'eau grâce à des cellules sensorielles réparties selon des lignes bien précises à la surface de la tête et selon une « ligne latérale » de chaque côté du corps. Ils sont ainsi dotés d'un système hautement sensible leur permettant de percevoir même de faibles turbulences, dues éventuellement à la présence d'autres animaux se trouvant à distance. Ce système bien adapté à la vie aquatique ne convenait pas pour une sortie des eaux réalisée par les *Amphibiens*, ni à la vie aérienne des Reptiles et des Mammifères. Les sons se propagent moins bien dans l'air que dans l'eau. Le problème a été résolu grâce à l'invention de l'oreille.

Où se trouvaient les osselets de l'oreille avant l'invention de celle-ci ?

Chez les Poissons, l'étrier potentiel se retrouve comme élément osseux de l'*arc branchial* le plus antérieur. Dans chaque arc, un os (os branchial) soutient une des fentes situées à l'arrière de la cavité buccale, sous les ouïes. C'est par ces fentes que l'eau quitte le pharynx après avoir cédé, au travers des branchies, son oxygène au sang.

Chez les Amphibiens et les Reptiles, à la période de la colonisation de la terre ferme (voici quelque trois cents millions d'années, les branchies disparaissent et l'oreille moyenne est inventée). A cette époque de la « sortie des eaux », l'os de l'arc branchial le plus antérieur est libéré de sa fonction de soutien des branchies puis inclus à la base du crâne dans une bulle osseuse fermée par une membrane à fleur de peau (le tympan). Ce petit os a subi un transfert de fonction, il est maintenant au service de la transmission des vibrations. Il mérite un nouveau baptême, et s'appelle désormais la *columelle*. Il sera rebaptisé à nouveau « étrier » lorsque, subissant un raffinement de forme, il sera inclus dans la chaîne définitive : étrier, marteau, enclume. Mais, l'origine du marteau et de l'enclume n'a rien à envier, en originalité, à celle de l'étrier. Chez les Poissons, les Amphibiens et les Reptiles, ces os forment l'articulation de la mâchoire. Le futur marteau (*articulaire*) appartient à la mâchoire inférieure et s'articule sur la future enclume (*carré*) qui appartient à la mâchoire supérieure.

Pour imaginer la transformation des os de la mâchoire en os de l'oreille moyenne, faut-il concevoir que, parmi les Reptiles, le groupe ayant donné les Mammifères ait eu durant des millénaires une mâchoire imparfaite, inefficace et inconfortable, résultat de l'abandon de ses os au bénéfice de l'oreille moyenne, nouvel impératif à la colonisation de la terre ferme ? L'énigme a été résolue par la découverte de restes crâniens d'espèces animales dites formes de passage et qui représenteraient des chaînons évolutifs entre les Reptiles typiques et les Mammifères primitifs. Chez ces formes de passage (*Reptiles mammaliens*, par exemple *Diarthognathus* vivant voici 200 millions d'années), le vivant a su concilier astuce et sécurité. Leur mâchoire possède deux articulations en parallèle. La première est sur le mode « reptile » et fait participer l'articulaire (futur marteau) et le carré (futur enclume). La deuxième est sur le mode « mammifère ». Elle fait l'économie de l'articulaire et du carré et joue sur la mise en forme d'une part du dentaire, seul os restant dans la mâchoire inférieure des Mammifères et, d'autre part, du *squamosal*, os de la base du crâne. Le transfert de la fonction de mastication à la fonction d'audition des os a demandé plusieurs remaniements anatomiques spectaculaires : déplacement des insertions musculaires de l'articulaire et du carré vers le dentaire et le squamosal, modification de la forme des nouveaux os de l'articulation de la mâchoire, réduction des dimensions des os entrant dans la confection de l'oreille moyenne. Remarquons enfin que les surfaces articulaires qui existaient entre articulaire et carré au service de la mastication sont conservées, entre marteau et enclume, dans l'oreille moyenne au service de la transmission des vibrations.

Les changements qui devaient permettre la libération des os de la mâchoire ont débuté voici quelque 270 millions d'années et ont nécessité au moins 100 millions d'années d'essais et de retouches tandis que l'insertion dans l'oreille moyenne s'est opérée ensuite au cours de près de cinquante millions d'années.

La stratégie conduisant de la mâchoire à l'oreille se résume en trois temps. Le premier crée une redondance (naissance d'une deuxième articulation). Le deuxième instaure un mimétisme. La deuxième articulation mime la première mais avec économie de moyens un même os assure deux fonctions (le dentaire porte les dents et construit l'articulation, le squamosal ferme la boîte crânienne et construit l'articulation). Le troisième temps libère des structures et les réinvestit dans une nouvelle invention (construction de la chaîne des osselets de l'oreille moyenne).

Encore de nos jours, les osselets de l'oreille moyenne de l'Homme migrent depuis la mâchoire jusqu'à la cupule otique. Ceci se passe très tôt au cours de son développement embryonnaire et laisse dire que, d'une certaine façon, l'embryon des

Mammifères retrace l'histoire des Reptiles primitifs (ce point de vue sera débattu dans « Histoire de l'individu et histoire de l'espèce », voir p. 162).

Ce transfert de fonction qui libère les os de la fonction de mastication pour les vouer à l'audition est un fait d'évolution irréfutable. Il illustre élégamment la naissance d'une innovation, il ne peut pas être nié mais il ne doit pas non plus nous aveugler par son attrait. En ce lieu de notre promenade « évolutive » nous devons devenir de plus en plus vigilants vis-à-vis du discours. Or celui que nous tenons n'est pas faux mais il peut être trompeur. Il ne dit rien des mécanismes qui créent, miment, libèrent. Il peut donner l'illusion d'une intentionnalité, d'un plan pré-établi. La contemplation de la nature nous donne une illusion de finalité. Souvent les descriptions de l'évolution s'enlisent dans ce marais. Si momentanément nous nous limitons à décrire des faits de l'évolution, bientôt nous devrons débusquer les mécanismes (voir p. 95, « La naissance d'une espèce »). Nous comprendrons alors que, malgré les apparences, le vivant n'est pas finalisé.

D'un encéphale à l'autre

La nécessité d'une harmonie entre les organismes et leur milieu implique des échanges constants d'information. Chez les animaux, l'information est captée par des systèmes sensoriels élaborés. Le traitement et l'intégration des données permettent l'adaptation d'une attitude, d'un comportement à une situation définie. Chez de nombreux groupes d'animaux, dans de nombreuses lignées, des essais de regroupement, de centralisation des structures de traitement des données ont été tentés, ils ont conduit à la formation d'un système nerveux central. Ce processus d'*encéphalisation* est particulièrement spectaculaire chez les Insectes, les Mollusques et les Vertébrés.

A chacun son encéphale

Parce que nous avons tendance à nous référer à notre propre organisation, la localisation des organes sensoriels dans les autres groupes zoologiques nous étonne, soit par ses dissemblances (extravagance ?), soit au contraire par ses analogies (normalité ?) avec la nôtre.

Les Insectes goûtent leurs mets avec leurs antennes ou leurs pattes, les grillons et les criquets entendent grâce à des tympans situés sur leurs cuisses. Le « cerveau » des Insectes (coalescence des *ganglions nerveux* antérieurs) gère les informations de façon automatique, selon des sytèmes réflexes codés génétiquement. L'Insecte ne peut pas choisir son comportement et, chez les insectes sociaux, les jeunes peuvent tout au plus apprendre de leurs aînés comment s'orienter dans l'espace.

Les poulpes (*Céphalopodes*) goûtent avec leurs lèvres et leur langue, sentent grâce à une fossette localisée sous l'œil, maintiennent leur équilibre à l'aide d'un dispositif (*statocyste*) situé sur leur dos, analogue à celui de notre oreille interne, et voient avec un œil qui n'a cessé de surprendre philosophes et scientifiques par la grande analogie qu'il présente (rétine, cristallin, cornée) avec celui des Vertébrés. Cette similitude d'invention de l'œil chez des animaux aussi éloignés les uns des autres que Mollusques et Vertébrés a fait dire à Bergson que l'œil est « l'empreinte de la lumière sur le vivant ». Les *Céphalopodes*, grands mollusques marins prédateurs, sont tout autant adaptés à la détection de leurs proies (grâce à des organes sensoriels performants) qu'à leur capture (grâce à un système puissant de propulsion musculaire et hydrique). Le traitement des informations sensorielles et les réponses motrices sont coordonnés par un cerveau (ganglions cérébroïdes) permettant un comportement instinctif aussi complexe que celui des insectes sociaux et autorisant même l'acquisition de réflexes conditionnés chez le poulpe. Enfin, comme les Vertébrés, les Céphalopodes ont poussé le raffinement jusqu'à protéger leur vénérable cerveau dans une boîte crânienne (cartilagineuse). Entrant dans la légende, les poulpes, fiers mollusques, cousins des timides limaces et colimaçons, font figure de dignes adversaires des humains les plus chevaleresques ou les plus malins.

« De quoi s'irritait ce mollusque ? Sans doute de la présence de ce Nautilus, plus formidable que lui... » (Jules Verne).

Le *Nautilus* est justement un Céphalopode !

« Au milieu de cette viscosité il y avait deux yeux qui regardaient.

Ces yeux regardaient Gilliatt.

Gilliatt reconnut la pieuvre » (Victor Hugo).

L'encéphale des Vertébrés

A ce point de notre parcours de l'histoire du vivant, c'est l'encéphale des Vertébrés qui nous offre les plus subtils exemples de complexification. D'un groupe animal à l'autre, s'opère souvent un transfert de fonction d'une structure ancienne à une structure néoformée. L'encéphalisation (promotion des centres nerveux centraux) permet une diversification des comportements, adapte toujours mieux le vivant — Poissons, Amphibiens, Oiseaux, Mammifères — aux divers modes de vie autorisés et proposés par la nature.

Afin de ne pas s'égarer dans notre périple parmi les structures cérébrales, nous garderons présentes à l'esprit les questions suivantes : quelles sont les performances des structures nouvelles acquises à un moment donné de l'histoire des espèces ? Que deviennent les performances de structures plus anciennes ? Quels couplages s'établissent entre anciennes et nouvelles structures, entre anciennes et nouvelles fonctions ?

Parce que la notion d'espèce postule une adaptation au milieu, tout individu (d'une espèce) concerné par la sélection naturelle possède une organisation cohérente (voir p. 100, « La marche à petits pas »). Chaque nouveau système vivant inventé par l'évolution, bien que différent des systèmes précédents, antérieurs, ancestraux, est lui-même cohérent. La cohérence du système nerveux central est maintenue dans les nouvelles espèces par l'apparition concomitante d'une nouvelle structure cérébrale et d'un faisceau de fibres nerveuses reliant cette structure aux autres plus anciennes (inventées antérieurement chez d'autres espèces). L'invention d'une nouvelle structure produit généralement trois effets : premièrement, la nouvelle structure prend à son compte (en partie tout au moins) des fonctions jusqu'alors assurées par une structure plus archaïque (transfert de fonctions) ; deuxièmement, elle assure l'émergence de fonctions jusqu'alors inédites dans les espèces précédentes ; troisièmement, elle réalise un raffinement fonctionnel en modulant le fonctionnement d'une région cérébrale plus ancienne.

Le système nerveux foisonne de noms singuliers. Aussi, pour nous laisser apprivoiser par eux, nous devrons prendre une attitude patiente, courtoise et accueillante.

Au cours de son développement embryonnaire, le système nerveux des Vertébrés passe par un stade de tube qui rappelle le système nerveux de l'Amphioxus (voir p. 70, « Corde et colonne »). Puis, ce tube neural se régionalise en trois, puis en cinq dilations dont les parois s'épaississent. Les jeunes cellules nerveuses s'y reproduisent et deviennent bientôt capables de recevoir, transmettre et émettre des informations.

Des cellules de même fonction se regroupent dans des aires ou des centres tandis qu'elles émettent des prolongements d'un centre à l'autre. Ces prolongements s'organisent en faisceaux de fibres par lesquels transite l'information d'une aire à l'autre.

Au cours de l'évolution, l'accroissement de complexité du cerveau s'est faite globalement de l'arrière vers l'avant, par hypertrophie de zones jusqu'alors restées exiguës dans les espèces plus archaïques : arrière cerveau (*Myélencéphale*), cerveau postérieur (*Métencéphale*), cerveau moyen (*Mésencéphale*), cerveau intermédiaire (*Diencéphale*), et cerveau terminal (*Télencéphale*).

ORGANISATION D'UN ENCÉPHALE DE MAMMIFÈRE

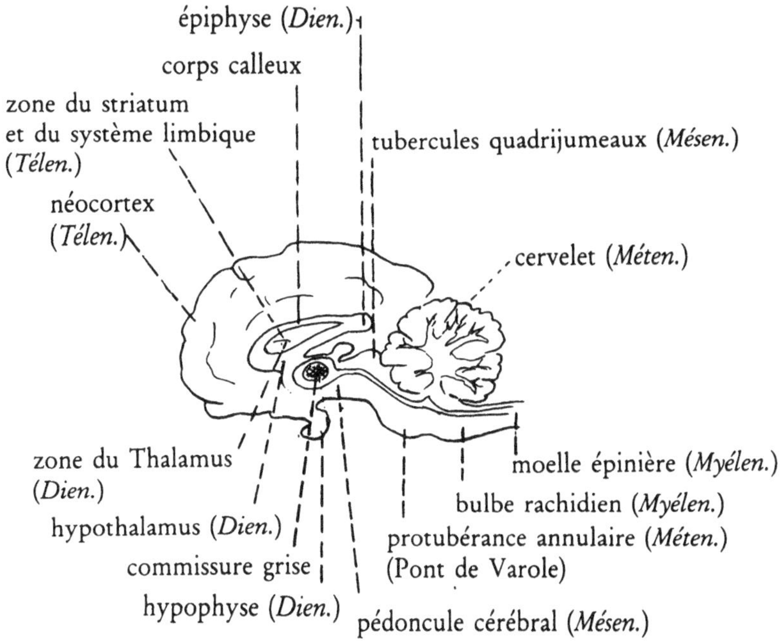

Périple dans un cerveau

L'arrière cerveau (Myélencéphale) est, comme la moelle épinière, un étage important d'arcs réflexes, il assure des comportements automatiques. Il abrite également les centres gouvernant les fonctions viscérales : respiration, teneur en eau et sels minéraux (*osmorégulation*), température. Chez les premiers Vertébrés — tels les poissons sans mâchoire de type lamproie — l'arrière cerveau possède une grande autonomie. Plus tardivement dans l'évolution, et bien que conservant les mêmes fonctions, il perd cette « autorité propre ». Son fonctionnement est alors modulé par de nouveaux centres nerveux apparaissant en particulier au sein du cerveau moyen. De la sorte, les réactions motrices et viscérales des Amphibiens et des Reptiles puis celles des Oiseaux et des Mammifères sont moins automatiques que celles des Poissons.

ÉVOLUTION DES FONCTIONS CÉRÉBRALES
CHEZ LES VERTÉBRÉS

Poissons sans mâchoires	Poissons à mâchoires	Reptiles	Oiseaux	Mammifères	
étage important d'arcs réflexes (en particulier viscéraux et d'équilibre), grande autonomie vis-à-vis du reste du névraxe.	perte progressive de l'autonomie parallèlement à un développement grandissant des liaisons entre le tronc cérébral et le cerveau proprement dit. — →				Bulbe
contrôle des mouvements de posture →			contrôle très élaboré +	perte d'une grande part de ce contrôle au bénéfice du cortex —	Cervelet
centre d'intégration essentiel pour les systèmes optiques et acoustiques également proprio et extéroceptifs; contrôle de ce fait une grande partie des activités.			les lobes bijumeaux qui contrôlent la vision sont au maximum de leur complexité +	ne règle plus que les réflexes visuels et acoustiques —	Cerveau moyen
	essentiellement au service de l'olfaction →	—		Thalamus : + récupère les fonctions du mésencéphale Hypothalamus : + régule les fonctions végétatives	Cerveau intermédiaire
				récupère les fonctions d'intégration du mésencéphale et en différencie de nouvelles +	Cerveau terminal

Le cerveau postérieur (Métencéphale) assure le contrôle de la posture et de la locomotion. Son ampleur est très variable chez les Poissons et il tend à régresser chez les Reptiles. Chez les Oiseaux et les Mammifères, groupes issus des reptiles mais ayant grandement divergé dans leur mode de vie, le cerveau postérieur possède des fonctions très différentes. Chez les Oiseaux, il joue un rôle majeur dans l'équilibration au cours du vol et il est extrêmement volumineux. Chez les Mammifères, au contraire, il perd de l'autonomie et passe sous contrôle du cerveau terminal (Télencéphale) qui se développe de façon exubérante, particulièrement chez les Primates.

Le cerveau moyen (Mésencéphale) est essentiellement un lieu d'intégration des perceptions sensorielles, que celles-ci proviennent de récepteurs de la perception de soi ou de la perception du milieu. Chez les Amphibiens, réalisant la sortie des eaux, et plus tard chez les Oiseaux, le cerveau moyen (au niveau des *tubercules bijumeaux*) devient le centre majeur d'intégration de l'ensemble des informations proprioceptives (perception du tonus et des contractions musculaires, de la position relative des segments du corps), acoustiques, optiques et olfactives. Chez les Oiseaux, où il contrôle la vision très performante au service du vol, il établit de nombreuses relations fonctionnelles avec le cervelet gouvernant l'équilibration.

Chez les Mammifères, le cerveau moyen, comme le cerveau postérieur, perd de son autonomie. De la fonction optique, il ne contrôle plus que les mouvements réflexes (*tubercules quadrijumeaux*) tandis que les fonctions plus délicates d'intégration des images sont prises en charge par le cerveau intermédiaire (*Thalamus*) et le cerveau terminal en pleine expansion (aire visuelle du *néocortex*).

Le cerveau intermédiaire (*Diencéphale*) se divise en deux régions distinctes : le *thalamus* et l'*hypothalamus*. Le thalamus (postérieur ou ventral) est une zone de relais entre le cerveau moyen et le cerveau terminal. L'hypothalamus ne cesse de prendre de l'importance au cours de l'histoire des espèces. Il abrite plusieurs centres de régulation des fonctions végétatives (métabolisme des glucides, régulation de la température). Il est également un lieu où convergent un grand nombre d'informations venant des autres régions de l'encéphale. Il est lui-même en relation avec l'hypophyse, glande chef d'orchestre de tout notre système hormonal. Par ce canal s'établissent des relations intimes et subtiles entre univers nerveux et univers hormonal et, chez l'Homme, entre intellect et affect, entre réflexion et émotion.

Le cerveau terminal (*Télencéphale*) prend son véritable essor chez les Mammifères. Nous pouvons y reconnaître trois étages (les trois cerveaux de McLean) inaugurés à trois âges de l'histoire des espèces :

1. les formations, *réticulée* et *striatum*, correspondant à l'ancien cerveau reptilien ;
2. le *cerveau paléo-mammalien* encore appelé *système limbique* et inventé chez les premiers Mammifères ;
3. le *cerveau néo-mammalien* encore appelé néocortex et apparu chez les Mammifères les plus évolués.

L'essor du cerveau terminal

Le cerveau reptilien gère les comportements de survie de l'espèce : choix des territoires de chasse et de reproduction, défense de la progéniture. Ces comportements sont automatiques et restent invariables lorsque le milieu devient inadéquat. Les chiens enfermés dans nos appartements lui doivent de gratter parquets et carrelages pour y cacher leur os.

Le cerveau paléo-mammalien est notre cerveau affectif. Il gère les émotions et les motivations. Pour cela, il tient compte aussi bien du souvenir d'informations passées que des stimulations présentes du monde qui nous entoure et de signaux humoraux et nerveux le renseignant sur l'état des organes. Ce deuxième cerveau, inventé par les Mammifères primitifs et hérité d'eux, participe à l'édification de notre personnalité. Tenant compte des expériences de notre vécu, il oriente en définitive nos engagements sociaux.

Le cerveau néo-mammalien tend à supplanter, dans le domaine des perceptions, d'autres centres nerveux plus anciens. Ainsi la zone occipitale des Mammifères les plus évolués (Primates) contrôle la perception des images, laquelle était analysée de façon essentielle par le cerveau intermédiaire, chez les animaux moins récents. Chez les Primates et particulièrement chez l'Homme, il permet l'émergence de l'intelligence. Il ne joue plus seulement du passé et du présent — comme le cerveau paléo-mammalien — mais aussi du futur. Il réfléchit sur les faits du passé et en projette la logique sur les faits à venir. Il explore le champ des possibles : prévoit, anticipe et spécule. Le sujet oriente alors l'évolution du milieu selon ses choix, s'attribuant ainsi un degré supplémentaire de liberté, d'adaptabilité.

En résumé, cette promenade parmi les encéphales illustre l'extraordinaire énergie déployée par le vivant pour inventer des structures nerveuses toujours plus efficaces et visant premièrement à percevoir et à analyser le milieu, deuxièmement à répondre de façon adéquate aux stimuli.

La progression s'est faite par l'individualisation d'aires nouvelles aux performances étonnamment imprévisibles, mais toujours respectueuses de l'intégrité de l'édifice. Chaque invention y opère un nouveau bond qualitatif dont le dernier est l'acquisition, chez l'Homme, de l'intelligence réflexive.

Le froid et le chaud

Déjà dans la mer primitive, les molécules ne se maintenaient en vie que dans la mesure où elles étaient protégées contre les conditions extrêmes du milieu. L'adénine a gagné le pari de la vie grâce à sa stabilité vis-à-vis des rayons solaires ultraviolets. L'adénine est née nantie des moyens de sa permanence (voir p. 12, « Lire le futur dans un chaudron »).

Pour une molécule, une cellule, un organisme, la naissance n'a de signification biologique que si elle est suivie d'une permanence, d'une pérennité. Le temps de vie permet l'expression de l'activité de chacun : produit biochimique pour l'amibe, produit culturel (artistique et industriel) pour l'Homme. La permanence, la durée de vie, nécessite des mécanismes d'autoconservation des structures et d'autorégulation des conditions de fonctionnement des organes. Au cours de l'évolution des cellules et des organismes, se sont peu à peu mis en place des mécanismes de contrôle tendant à déceler et à compenser les perturbations venues du milieu. Ainsi notre taux sanguin en glucose (*glycémie*) est réglé par le jeu conjugué de l'*insuline* (hormone *hypoglycémiante*) et de plusieurs hormones hyperglycémiantes. De même, tous les écarts à la norme de la teneur en sels minéraux et en molécules biologiques de notre *plasma sanguin* (notre milieu intérieur) et du cytoplasme de nos cellules (leur milieu intérieur) sont gérés par des hormones.

Les constantes du milieu intérieur peuvent aussi être modulées par voie nerveuse. Pour la masse sanguine, l'acidité du sang, les teneurs en dioxyde de carbone (CO_2) et en oxygène, les écarts à la norme sont détectables par des systèmes sensibles (capteurs) qui informent nos centres nerveux ; lesquels annulent la perturbation par un réflexe compensateur. Par exemple, des récepteurs de pression situés dans la paroi de l'aorte informent le système nerveux de la pression artérielle qui est, si nécessaire, réajustée par un changement du rythme cardiaque. Système hormonal et système nerveux peuvent intervenir dans une même régulation. L'*adrénaline*, libérée par les glandes surrénales en jouant sur la vaso-constriction des vaisseaux, a aussi son mot à dire dans la régulation de la pression artérielle.

Des diverses stratégies que le vivant a développées pour maintenir constant son milieu intérieur (*homéostasie*), c'est probablement la lutte contre les variations de température (*thermorégulation*) qui a le plus manifestement — visiblement — transformé les individus, qu'il s'agisse de leur aspect extérieur, de leur approvisionnement en air, ou de leur biologie de la reproduction.

En quittant le milieu aquatique, dont les constantes varient dans des limites étroites, les espèces se sont trouvées confrontées à un milieu beaucoup plus contrasté. Aussi, l'acquisition de la thermorégulation s'est imposée comme un bon facteur sélectif au moment de la sortie des eaux. Cependant, cette acquisition est tardive dans l'histoire des espèces et la plupart des animaux sont dépendants des variations de la température externe (*ectothermes*). Ces ectothermes, encore appelés *poïkilothermes* (*poïkilos*, varié), Mollusques, Crustacés, Insectes, Poissons, Reptiles ont une température interne qui varie en même temps que la température ambiante. Bien qu'acceptant de grandes variations, l'intensité de leurs activités reste tributaire de la température externe. Ils sont contraints soit à mener une vie ralentie aux basses températures, soit à s'enfouir aux périodes journalières ou annuelles les plus chaudes. Quelques groupes de reptiles ont fait l'essai de l'homéothermie, on les appelle *homéothermes* (*homoios*, semblable), mais il faut attendre les oiseaux et les mammifères pour que se dégagent des stratégies réellement efficaces.

Les Reptiles n'ont d'autre ressource que de se réchauffer au soleil et d'y incuber leurs œufs.

Les Oiseaux ont été dotés de plumes. Sur les banquises, ils se serrent les uns contre les autres. Dans les zones plus tempérées, ils gardent ce comportement la nuit et l'hiver, ou encore ils ébouriffent leurs plumes. Par les chaudes après-midi, ils ouvrent le bec, ventilant ainsi leur corps au travers de leur appareil respiratoire doté non seulement de poumons mais aussi d'un riche réseau de sacs à air disséminés dans le corps, y compris dans les os. Les oiseaux couveurs perdent leurs plumes à l'emplacement des plaques incubatrices richement vascularisées et par lesquelles la chaleur de l'adulte est transmise à l'œuf incubé.

Les Mammifères, quant à eux, sont dotés de toisons mais l'Homme s'en est secondairement privé (tout au moins en partie). Cette régression — à laquelle l'habillement est corrélé — n'expliquerait-elle pas aussi nos comportements d'oiseau (avoir la chair de poule) et de reptile (lézarder au soleil) ? Qu'il s'agisse de maintenir la température interne au-dessus ou en dessous de la température ambiante, la régulation thermique nécessite un travail biologique très dépensier en énergie. Cette dépense élevée n'est possible que si la respiration est très performante, nécessité qui a conduit les Vertébrés à l'invention du palais (palais secondaire). Celui-ci permet la séparation permanente entre les voies respiratoires et alimentaires. L'invention de la régulation thermique avait été essayée chez les Reptiles dont certains possédaient une grande expansion dorsale richement vascularisée, véritable échangeur calorifique. Cependant, elle n'a été parachevée que chez les Mammifères.

Il n'est pas rare qu'une invention doive être comprise dans ce qu'elle permet de nouveautés au carrefour de plusieurs fonctions. Une invention peut servir corrélativement plusieurs fonctions.

La chaleur interne, en autorisant l'homéothermie, accroît les possibilités métaboliques des Oiseaux. De grandes dépenses énergétiques sont autorisées. Les Oiseaux deviennent alors aptes à couver leurs œufs, ce que ne pouvaient faire les Reptiles. Ils peuvent aussi développer le vol, très dépensier en énergie. Ces acquisitions, l'homéothermie et le vol, sont indissociables, elles sont par exemple toutes deux servies par la présence des plumes qui isolent et assurent une bonne sustentation, ou encore par la présence de poches à air qui assurent tout à la fois : une mise à disposition importante d'oxygène nécessaire à l'activité des puissants muscles du vol, une régulation éventuelle de la température et un allègement du corps.

Chez les Mammifères, la chaleur interne a superbement servi la fonction de reproduction. Les œufs ne sont plus extériorisés comme chez les Poissons, les Reptiles et les Oiseaux où ils étaient la proie de nombreux prédateurs. Conservés ici à l'intérieur de l'organisme maternel, ils y trouvent une protection sans égale. L'utérus, plus que tout autre nid, est enveloppant et — qui plus est — nourrissant. L'œuf qui y nide bénéficie de l'homéostasie de l'organisme maternel. Il y dispose d'une isolation thermique et de nutriments dispensés en continu et à taux relativement constant. Dès lors, il devient moins pertinent de pondre beaucoup que de bien « gérer » l'œuf. Peu à peu, des Poissons aux Mammifères, le comportement reproducteur abandonne la stratégie du nombre pour celle de l'unique. Cet œuf autoconservé par l'homéostasie utérine donne jour à un jeune qui sera l'objet (le sujet ?) de soins attentifs et prolongés. Le comportement reproducteur ne joue plus avec le quantitatif mais avec le qualitatif.

C'est encore grâce à l'homéothermie que les Oiseaux et les Mammifères ont pu développer leur cerveau, autre grand consommateur d'énergie.

Entre l'eau et l'air

Les êtres vivants, en colonisant la terre ferme, ont eu fort à faire pour protéger leurs gamètes, fragiles cellules assurant leur pérennité, contre la dessication. Ils ont eu tendance à conserver les cellules femelles au sein de leur organisme, et à émettre les cellules mâles en les protégeant. La stratégie qui s'est imposée chez les végétaux et les animaux est très différente. Très tôt, les végétaux ont opté pour des formes de transport particulièrement déshydratées et résistantes (les grains de pollen) emportées par le vent ou transportées par les animaux vivant parmi eux. Les animaux terrestres, quant à eux, ont été autorisés, grâce à leur mobilité, à conserver des gamètes dépendant du milieu aqueux. Copulation et fécondation interne sont corrélées à l'acquisition de la locomotion terrestre. Comment sont apparus ces nouveaux comportements ?

De nos jours encore d'étranges poissons à poumons et à pattes (les *Dipneustes*) vivent dans les marécages d'Australie, d'Afrique centrale et d'Amazonie. Trois groupes seulement subsistent alors qu'ils étaient nombreux voici 390 millions d'années. Malgré l'alternance de saisons de pluies et de saisons sèches qui vident les marécages, ces poissons survivent grâce à leur double adaptation à la vie aquatique et à la vie aérienne. Ils possèdent branchies et poumons.

Lorsque les marécages s'assèchent, ils creusent dans la boue une chambre qu'ils tapissent d'un cocon de mucus. Ce cocon, qui peu à peu se durcit, se prolonge d'un tube qui relie la bouche du poisson à l'atmosphère. Les Dipneustes peuvent ainsi respirer et vivre sans se nourrir pendant des mois, voire des années en utilisant leurs propres réserves. Ils reprennent une vie active lorsque l'eau revient. Leur larve possède des branchies externes et ressemble à celle des Amphibiens. Cependant il est difficile de dire si les Dipneustes sont des ancêtres directs des premiers animaux à quatre pattes que sont les Amphibiens ou seulement des cousins éloignés situés sur une lignée évolutive distincte qui se serait achevée là, en cul-de-sac.

Aux nageoires dirigées vers l'arrière et propices à la nage chez les poissons traditionnels, les Dipneustes ont substitué des nageoires dirigées vers le bas et plutôt favorables à la marche. Leurs deux paires de nageoires (*pectorales* et *pelviennes*), en forme de palette, abritent les mêmes os que les membres des futurs animaux à quatre pattes (*tétrapodes*). Ils possèdent déjà quelques attributs des animaux à quatre pattes et font une première expérience de la marche sur les fonds vaseux des marécages.

Les Amphibiens, à l'image des Dipneustes, s'enfouissent pendant les périodes néfastes de l'année. L'hiver, les grenouilles se réfugient dans la vase où elles respirent par leur peau, tandis que tritons et salamandres recherchent l'humidité des sols forestiers. Les salamandres se satisfont de quelques sorties nocturnes en saison des pluies (novembre et mars dans nos régions) en quête de limaces. Mais au printemps le temps des amours ramène les Amphibiens dans les eaux primordiales.

Les Amphibiens reviennent par nécessité physiologique à l'eau. Car, chez eux, comme d'ailleurs chez les Mammifères, les cellules sexuelles n'ont jamais vraiment quitté l'eau (la mare, la mer, le chaudron primitif). C'est en tant que vecteur de leurs gamètes qu'après la métamorphose, les Amphibiens adultes, mâles et femelles, retournent au milieu aquatique, aqueux.

Chez les Mammifères, l'organe copulateur (pénis et vagin) assure, à lui seul, la continuité aqueuse entre les gamètes de sexe opposé. Un mammifère n'a plus nécessité du retour à l'eau pour se reproduire.

En définitive seul le corps (*soma*) est réellement sorti de l'eau, les gamètes y sont restés. Ainsi, au stade Poisson, l'eau est milieu unique de vie du soma (organisme adulte), du *germen* (gamètes) et de l'œuf. Au stade Amphibien, le soma seul s'est affranchi de l'eau qui devient lieu de rencontre (amphimixie) des gamètes. Au stade Mammifère, le germen femelle (ovule) ne quitte plus le soma qui intériorise au moment du coït l'organe mâle en tant que partenaire marin : voie aqueuse d'acheminement des gamètes mâles.

*

Les exemples choisis d'évolution des organismes nous ont conduit des êtres unicellulaires à l'Homme : spécialisation fonctionnelle chez les polypes des coraux, diversification des plans d'organisation des animaux à la faveur de l'invention du mésoderme, invention des matériaux composites et d'un milieu intérieur chez les êtres volumineux, acquisition de l'axe vertébral de soutien et de locomotion, développement de la céphalisation, acquisition d'une locomotion terrestre et d'une respiration aérienne, acquisition de l'homéothermie et de la gestation, développement de l'encéphalisation et émergence d'une intelligence réflexive.

Ce parcours qui insensiblement nous mène à l'Homme ne doit pas nous faire oublier tous les autres parcours réussis. Nous ne sommes, avec l'Homme, parvenus qu'à l'extrémité d'une des multiples branches de l'arbre du vivant qui se terminent par autant d'espèces animales et aussi végétales. L'éponge n'aurait peut-être pas conté l'histoire du vivant comme se complaît à la conter un *Homo sapiens*. Mais reste une question. Comme l'éponge, l'Homme sera-t-il à son tour un cul-de-sac évolutif ou, au contraire, sera-t-il supplanté par une innovation plus « noble » encore et plus inattendue que l'intelligence réflexive qui fait son orgueil ?

5

La naissance d'une espèce

L'habitude nous permet de reconnaître aisément certaines espèces animales et végétales qui nous entourent. Cependant, le concept d'espèce, qui nous est familier, cause bien des problèmes aux évolutionnistes qui se doivent de concilier la diversité des espèces et la continuité évolutive entre les êtres vivants. Comment les espèces naissent-elles les unes des autres ? Et, en premier lieu, qu'est-ce qu'une espèce ?

L'espèce est définie, au mieux, par un critère d'interfécondité. L'espèce est un groupe à l'intérieur duquel les individus sont capables de se croiser. Les divers groupes sont eux-mêmes isolés les uns des autres, ils ne peuvent pas se reproduire entre eux. Les individus d'une espèce peuvent échanger leurs gènes entre eux et ne peuvent pas les échanger avec des individus des autres espèces. Cette exclusion des autres maintient l'identité de l'espèce.

Une espèce peut être réduite à un petit effectif confiné à une seule aire géographique. Mais, la plupart du temps, une espèce a été capable de coloniser plusieurs régions. Ces aires distinctes ont été colonisées parce qu'elles sont suffisamment semblables pour satisfaire aux possibilités d'adaptabilité de cette espèce. Il existe nécessairement une adéquation entre l'espèce et le milieu.

Les diverses populations gardent une même histoire, dans la mesure où les gènes (voir p. 24, « Le Livre de la vie ») circulent librement de l'une à l'autre. L'homogénéité de l'espèce dispersée en populations reste assurée par des migrants qui transportent les innovations éventuelles d'une population à l'autre.

L'aube des théories de l'évolution

Les philosophes de l'Antiquité élaboraient déjà des théories de l'évolution. Dès le VIe siècle avant J.-C., Anaximandre de Milet parvenait à une connaissance intuitive : « Les premiers animaux naquirent de l'humide et enfermés dans une écorce épineuse ; avec le temps, ils montèrent sur le rivage, l'écorce se déchira et, en peu de temps, ils changèrent de vie. » Se trouvent ici formulées l'origine aquatique de la vie et la sortie des eaux : « naquirent dans l'humide... montèrent sur le rivage ». Ces images sont le berceau de deux concepts qui de nos jours encore préoccupent les évolutionnistes : les concepts de continu et de discontinu. L'évolution des acquisitions semble continue : « avec le temps, ils montèrent », bien que les espèces se succèdent, différentes et singulières. Cependant les éléments d'une discontinuité sont aussi présents : « l'écorce se déchira, et en peu de temps... ». Anaximandre de Milet perçoit également que les êtres changent en eux-mêmes : « l'écorce se déchira » ; et qu'ils changent corrélativement de comportement, d'aptitudes : « ils changèrent de vie ».

Cependant, Anaximandre de Milet ne dit pas si les animaux changent dans leur descendance — les enfants naissant différents des parents —, ou si les animaux changent au cours de leur vie. Le déchirement de l'écorce semble bien suggérer une métamorphose mais nous n'apprenons rien de la transmission, ou de la non-transmission, de l'état métamorphosé à la descendance.

Le long cou des girafes

Les caractères du vivant sont-ils acquis au cours des péripéties de la vie de chaque individu, ou leur sont-ils donnés initialement, d'emblée, à leur conception ?

Pour illustrer ce propos, nous prenons le thème du « long cou des girafes » déjà utilisé par Lamarck et Darwin. Si nous prenons cet exemple d'une duperie par la nature de notre effort à la comprendre, ce n'est pas dans un but de critique négative vis-à-vis de l'œuvre de Lamarck, mais bien pour souligner comment s'installe en nous une attitude finaliste face à la « merveilleuse harmonie » de la nature. (Lamarck est pour le moins l'un des premiers à avoir défendu l'idée d'un transformisme et d'une organisation complexifiante du vivant.)

Lamarck pensait que dans un effort laborieux, persistant et orienté, les girafes (les ancêtres des girafes ou les premières girafes ? L'histoire ne le dit pas) auraient tiré sur leur cou pour atteindre les hautes branches des arbres. Ainsi, le besoin d'atteindre serait le moteur de l'invention du grand cou. L'étirement du cou persisterait même après les séances de cueillette, s'inscrivant ainsi dans les vertèbres cervicales. Les girafes les plus persévérantes seraient récompensées par l'allongement de leurs vertèbres (les girafes, comme les hommes, ne possèdent que sept vertèbres cervicales, mais de grande taille). Le caractère se serait ensuite transmis de génération en génération.

Lamarck pensait donc que les caractères nouvellement acquis par le vivant le sont au cours de la vie des organismes, sous l'influence de leur manière de vivre. La production d'un organe résulterait d'un besoin de cet organe et au contraire le non-usage d'un organe entraînerait son atrophie puis sa disparition. Les caractères acquis par un individu seraient ensuite transmis, de façon héréditaire, à sa descendance, de génération en génération.

De nos jours encore, les girafes tirent sur leur cou pour brouter les hautes branches, mais sans finalité intentionnelle. Même une finalité intentionnelle, qui n'est guère offerte qu'à l'Homme par son néocortex, ne pourrait obtenir qu'un caractère acquis soit transmis à la descendance. Non seulement les « femmes girafes » ne peuvent se passer de leurs colliers sous peine de rompre leur cou distendu, mais elles restent aussi impuissantes à transmettre ce long cou à leur descendance.

Il n'en demeure pas moins que sans cesse, comme Lamarck, nous sommes confrontés aux mêmes mirages. Nos sens, notre cerveau affectif, troublés par le spectacle esthétique de la nature nous suggèrent que l'harmonie, la cohérence, l'adaptation du vivant à son milieu et du vivant aux autres êtres vivants sont les résultats d'une motivation, d'une intentionalité du vivant.

A ce lieu de notre parcours de l'histoire du vivant, nous devons, pour comprendre celui-ci, être vigilant vis-à-vis de « ce qui en est dit » dans les théories. Faute de quoi les confusions à propos de « l'inné » et de l'« acquis » persisteront dans les esprits ou s'y réinstalleront incessamment.

Le lieu et le temps de l'innovation

Les changements qui interviennent chez les êtres vivants appartiennent à deux histoires différentes : celle des espèces et celle des individus. Ceux qui appartiennent à l'histoire des individus sont soit irrémédiablement programmés, soit influençables par des facteurs externes au cours du développement (voir p. 123, « L'histoire de l'individu »), soit influencés culturellement (voir p. 137, « Le cortex en semi-liberté »), soit accidentels. Pour comprendre les mécanismes de naissance d'une espèce, nous devons, pour l'heure, bien distinguer les changements qui relèvent de l'évolution des espèces et ceux qui relèvent du développement programmé d'un individu.

Ce qui change d'une espèce à l'autre est le programme de développement, de fonctionnement et de comportement. Ces changements du vivant s'opèrent en un temps que nous pouvons isoler (artificiellement) entre le temps des géniteurs et celui de l'œuf pondu. Ce laps de temps est celui de l'histoire des cellules reproductrices. C'est au cours de leur « invention » par les géniteurs, au cours de leur évolution au sein des ovaires et des testicules que s'opèrent les modifications de programme. Ces modifications du programme génétique feront que les caractères exprimables par l'œuf-descendant (donnant le jeune) seront différents des caractères exprimés par l'œuf-ascendant (ayant donné le(s) géniteur(s)). Là, résident le lieu et le temps du changement des espèces.

L'événement le plus spectaculaire qui appartienne à l'histoire d'un individu est la métamorphose qui nous est particulièrement familière chez la grenouille. L'évolution des Amphibiens n'a pas connu le passage d'une espèce « têtard » qui un jour a inventé une espèce « grenouille ». Il n'existait pas de têtards donnant des têtards jusqu'au jour où, un têtard se métamorphosant en grenouille, des grenouilles donnèrent des grenouilles. Et demain encore les grenouilles continueront à naître de têtards. La métamorphose est gouvernée par une information génétique donnant des individus qui un temps sont têtards, un temps sont grenouilles.

Il est probable que les performances des champions sportifs nous fascinent parce qu'elles traduisent des acquis du corps. Ceux-ci ne consistent pas en l'apparition d'organes nouveaux, mais seulement en un développement d'organes connus : accroissement du volume du cœur, des poumons, des muscles, haute résistance du squelette, des tendons. Ces adaptations à l'exercice ne sont pas héréditaires, le fils de champion, s'il veut devenir champion, devra s'astreindre lui aussi à un entraînement intensif.

Nos comportements (et ceux des animaux) sont les uns ou les autres soit codés génétiquement (automatisme des abeilles et des araignées), soit acquis ou facilités par imitation ou apprentissage, soit induits par le contexe socioculturel (voir p. 249, « Les comportements »). Sans être héréditaires, les comportements acquis par les parents influencent le mode de vie des jeunes qui peuvent reproduire ainsi le même schéma.

Notre cerveau intelligent, notre néocortex, risque lui aussi de nous donner une idée fausse de ce que sont les caractères acquis et nous devons nous garder d'assimiler les acquisitions culturelles à des acquisitions biologiques. Nos acquisitions socioculturelles, gagnées par le labeur et le génie des hommes, peuvent se transmettre de génération en génération par les mémoires externes à l'organisme : production orale, papyrus et parchemins, patrimoine culturel, banques de données. Ainsi, dernier né de l'évolution biologique, notre néocortex enfante des produits dont la pérennité, la sauvegarde, ne répondent plus aux lois du biologique.

La marche à petits pas

Darwin met en place les thèses majeures qui permettent de saisir les modalités de l'évolution : variabilité des espèces, lutte pour l'existence, sélection naturelle.

De l'observation des animaux domestiques et des plantes, il déduit que la variabilité des espèces s'accroît lorsque les conditions de vie, c'est-à-dire les niches écologiques, se diversifient. Les travaux de Malthus sur les sociétés humaines le conduisent à concevoir que le pouvoir de prolifération d'une espèce est supérieur aux possibilités de survie autorisée par le milieu (ceci à l'image des populations humaines dont Malthus affirme que l'effectif tend à s'accroître plus vite que les ressources). Darwin conclut qu'une lutte pour la vie s'instaure ; lutte où les mieux adaptés l'emportent sur les autres. Parlant, à son tour, de l'adaptation des girafes, il souligne que dans le groupe des girafes, celles naissant avec un coup plus long ont l'avantage sur leurs congénères. Ces animaux survivent plus facilement que les autres *ongulés* habitant la même région car, en cas de disette, ils sont les seuls à atteindre les hautes branches. Dans ce cas, eux seuls conduisent à une descendance.

Darwin sous-entend que la variation est possédée d'emblée, à la naissance, et il parle très justement de « girafe naissante » pour signifier que la girafe, dès sa naissance, possède le caractère long cou. Cependant, il ne dit rien du mécanisme qui instaure la nouveauté chez le nouveau-né.

Enfin Darwin comprend que la survivance du plus apte traduit une sélection naturelle exercée par les conditions du milieu. Ces conditions de vie (paramètres physico-chimiques du milieu, ressources nutritionnelles, relations entre individus) constituent des agents de pression sélective, des critères de choix, de discrimination des nouveautés. L'environnement favorise la nouveauté dans la mesure où celle-ci est plus adéquate, mieux adaptée.

Il faut attendre les découvertes modernes de la génétique pour comprendre que les caractères des individus (les caractères manifestés, le phénotype) ne sont que l'expression d'un programme génétique (caractères codés, le génotype) inscrit au sein des molécules d'ADN constituant les chromosomes. C'est sur ce programme que s'exercent les mécanismes qui gouvernent la variabilité des espèces (voir p. 24 : « Le livre de la vie », et p. 113, « La sexualité au service de la nouveauté »).

La naissance d'espèces nécessite deux types de modifications, celle du patrimoine génétique — des individus, de la population —, et celle de l'environnement. Dans tous les cas, les variations doivent rester viables et autoriser une nouvelle adéquation entre le sous-groupe qui vient de naître et le nouveau milieu, elles doivent également provoquer ou faciliter l'isolement reproducteur de ces nouvelles sous-populations.

L'éclatement de la population initiale résulte parfois d'une migration lointaine et sans retour de certains individus. Les mouettes, initialement originaires d'Asie, ont peu à peu émigré vers l'est et vers l'ouest formant un anneau de populations distinctes autour du pôle. Les populations éloignées n'échangeant plus leurs innovations sont devenues dissemblables. Les deux extrémités de l'anneau de migration chevauchent en Europe. Les individus des deux populations extrêmes sont incapables de se reproduire entre eux. Les extrêmes représentent ainsi deux espèces distinctes entre elles et distinctes de l'espèce initiale.

Les populations peuvent aussi être scindées en sous-populations par un bouleversement géographique appartenant à l'histoire de la terre : fractionnement d'un continent et dérive parmi les océans, érection d'une chaîne de montagnes, paysage coupé par une vaste faille, formation d'une île volcanique, extension ou régression d'une région aux conditions extrêmes de vie (désert ou glacier). C'est ainsi qu'il y a quelque 10 millions d'années, le continent africain s'est vu coupé par une immense faille à l'endroit où, de nos jours encore, la Rift Valley (Vallée de la fissure) isole l'Éthiopie et la Somalie du reste du continent. Les primates séjournant en ces lieux se trouvèrent alors confinés dans une région qui ne tarda pas à s'assécher, à se démunir de sa forêt et à évoluer en savane. Au fil des ans, ce groupe nouvellement isolé évolua pour son propre compte, vécut son histoire propre et inventa voici 2,2 millions d'années le genre *Homo* dont nous (l'*Homo sapiens*) sommes un rejeton.

Tout nouvel obstacle surgissant est potentiellement source de nouveau. Il isole des sous-populations qui sont confrontées à des conditions de vie différentes. De plus, dans chacune d'elles les « migrants » sédentarisés ne peuvent plus colporter les innovations de leur génome, théâtre de variations incessantes.

Au sein de chaque nouvelle population, la nouvelle diversité génétique devient la cible de la sélection par le milieu ; milieu lui-même différencié en nouveaux sites, en nouvelles niches écologiques, par l'accident géologique. En chaque lieu, la sélection naturelle trie parmi les gènes disponibles, fait choix progressivement des mieux adaptés aux conditions locales de vie.

Darwin nous apprend que les espèces naissent les unes des autres par additions successives de petites modifications allant toutes dans le même sens ; dans le sens d'une meilleure adaptation au milieu.

Depuis 65 millions d'années les prédécesseurs du cheval actuel se sont succédé dans les steppes américaines, formant une lignée évolutive où la réduction progressive du nombre de doigts et l'accroissement de taille des membres adaptaient de mieux en mieux ces animaux à la course. Néanmoins, à la notion de « progrès » sous-jacente ici (vocable attribué abusivement à Darwin qui a pourtant eu la prudence de ne parler que d'« évolution » — terme non connoté d'un jugement de valeur) nous devons associer la notion d'adaptation au milieu. En effet, l'accroissement de taille et la réduction du nombre de doigts ne deviennent « progrès » que par la possibilité de coloniser un milieu de steppes nouvellement proposé aux herbivores. La course rapide et en ligne droite pouvait y être adaptée comme stratégie de fuite, alors qu'elle aurait été un inconvénient majeur chez les espèces plus primitives menant une vie sous couvert forestier, nécessitant une assise latérale du pied sur plusieurs doigts et une souplesse des articulations permettant des changements rapides de direction.

L'évolution prend ainsi un aspect orienté, sous l'effet d'une même pression sélective du milieu. Il suffit pour cela que cette pression s'exerce suffisamment longtemps — de génération en génération — sur une population venant de coloniser une nouvelle niche écologique. De lieu en lieu, de niche écologique en niche écologique, les adaptations seraient remplacées par d'autres adaptations gouvernées par des stocks génétiques nouveaux, nés de mutations et de recombinaisons. Naîtrait ainsi, de variation en variation, une succession de sous-espèces puis d'espèces.

La succession des espèces peut être représentée par une échelle où chaque barreau serait occupé par une nouvelle espèce. La tâche du paléontologiste revient à replacer les espèces connues dans le bon ordre et à rechercher inlassablement les espèces manquantes, les espèces intermédiaires, les « chaînons manquants ».

Plutôt que de mettre l'accent sur la filiation des espèces selon une succession linéaire traversant les âges géologiques, nous pouvons encore considérer qu'à une certaine époque deux espèces proches sont en quelque sorte « cousines », ayant l'une et l'autre une même espèce d'origine, un ancêtre commun. Nous avons déjà dit comment l'apparition d'une barrière écologique peut donner naissance par bifurcation à deux nouvelles espèces. Le phénomène peut se répéter. De la sorte, l'évolution peut être représentée non plus par une échelle mais par un buisson où les espèces ancestrales tiendraient lieux de bifurcation tandis que les plus récentes — les dernières de chaque branche — occuperaient la position des feuilles.

Le vivant fait des bonds

Les sols d'autrefois, les anciens lits des rivières, les vases des lacs comblés, les anciens rivages, nous livrent les restes fossilisés, les secrets de la vie des espèces éteintes à jamais. Fidèles à l'idée d'une variation continue des espèces avancée par Darwin, les paléontologistes recherchent les intermédiaires, traquent le chaînon manquant. Cependant il semble bien que bon nombre d'intermédiaires hypothétiques n'aient jamais existé. Pour S. G. Gould, le vivant ne passerait pas d'une espèce à l'autre graduellement, par la sommation d'une multitude de variations mineures, mais il opérerait au contraire par bonds.

L'approche, si elle reste darwinienne, tient grand compte des particularités des situations marginales. Pour Gould, l'innovation est l'affaire des marginaux.

Quel est le jeu de ces marginaux ? Pour mieux le comprendre, nous devons prendre en compte les effets de la sélection naturelle. Ceux-ci ne sont pas toujours novateurs. Dans le cas où l'être vivant est en harmonie avec son milieu, la sélection naturelle peut avoir un effet stabilisant consistant à reconduire dans leur existence les gènes adaptés et à rejeter les gènes nouveaux ne présentant pas d'intérêt particulier. Ainsi, en fonction des circonstances, la pression de sélection exercée par le milieu de vie peut être soit novatrice, soit conservatrice.

Dans les milieux de vie stable, les espèces les mieux adaptées reçoivent de la part de l'environnement une pression stabilisatrice ; elles ont de grandes chances de durer. Au contraire, de nouvelles espèces ont des difficultés à s'implanter dans ces niches déjà occupées de façon efficace.

Si le milieu de vie varie brutalement, en quelques centaines ou quelques milliers d'années — ce qui est brutal à l'échelle des temps géologiques —, deux scénarios peuvent se présenter. Soit la variation provoque la disparition de conditions fondamentales de vie et de nombreuses espèces subissent une extinction massive. Soit la variation ouvre un nouveau choix de solutions possibles pour les espèces se trouvant là par opportunité (espèces opportunistes).

Dans une population bien adaptée à son milieu de vie, les gènes novateurs sont sans cesse dilués dans la masse des autres gènes maintenus par la pression sélective, alors conservatrice. Cette situation empêche leur propagation dans la population, ils restent en sommeil.

Mais une aire de répartition présente rarement des conditions de vie absolument homogènes sur toute son étendue. En particulier, sur son pourtour, les conditions varient de proche en proche. Ces zones de lisière peuvent avoir plusieurs kilomètres de large à la limite d'une forêt tropicale ou seulement quelques mètres en bordure d'un bosquet ou d'un étang. Les populations y trouvent une grande variété de niches écologiques singulières et de petite étendue. Des marginaux se logent là. Peu représentatifs de la vaste population « orthodoxe », conforme, adaptée aux conditions de vie régnant au centre de l'aire monotone. Si un accident géologique vient à isoler une des populations marginales, celle-ci tend à exprimer son originalité ; que celle-ci lui soit dévolue par des gènes adaptés avant l'heure (préadaptés) ou par des gènes inventés dans le temps de la séparation.

Les grands groupes traduisant l'invention d'un nouveau plan d'organisation du vivant où les espèces peuvent ainsi naître au sein de petites populations marginales en un lieu et en un temps de crise écologique. Un petit effectif passivement isolé par un accident géographique devient le vivier singularisé, favorable à l'émergence d'une population fondatrice qui, à l'abri de la dilution (génique), va réaliser une véritable révolution (génique). La dérive génétique devient particulièrement influente lorsqu'elle instaure une variation touchant le processus reproducteur : incapacité pour les chromosomes de se coupler lors de la méiose, cycles physiologiques décalés dans le temps, complémentarité anatomique perdue, pariades nuptiales inadaptées. L'isolement reproducteur naissant devient alors lui-même cause favorable à l'amplification de la dérive génétique.

En fait, en un même temps, en un même lieu, l'innovation est tentée par divers marginaux appartenant à des espèces différentes. Les innovations ne sont jamais que des éventualités réalisées parfois — parfois seulement — par l'espèce ou le groupe d'espèces qui, de façon opportune, se trouve posséder la plus grande plasticité génique, la plus grande aptitude à jouer avec les nouveaux possibles dans ce lieu, dans ce temps de la nouvelle niche écologique naissante. L'émergence d'un plan d'organisation reste rare dans l'histoire de l'évolution au regard du jeu incessant qui se joue entre le génome et le milieu. Les réussites sont rares au regard des essais.

Multiplicité des individus et des populations

Une espèce en adéquation avec le milieu de vie a avantage à préserver la stabilité de son information génétique. Nous savons que la sauvegarde de l'information est assurée au cours des divisions cellulaires grâce à la copie conforme des molécules d'ADN (molécules informationnelles) constituant les chromosomes. De façon habituelle les erreurs qui surviennent, à faible fréquence, dans la copie de l'ADN ne sont pas sélectionnées, les jeunes naissant avec l'erreur ne sont pas favorisés par le milieu, car il y a peu de chance que cette erreur représente un avantage chez une espèce déjà adaptée à son milieu. Pour cette raison le milieu exerce la plupart du temps un effet stabilisateur sur le génome.

Néanmoins, les êtres vivants d'une même espèce ne « protègent » pas uniquement la constance de l'espèce à laquelle ils appartiennent, ils sont aussi « capables » de fantaisie (quelques-unes des erreurs offrent un avantage). Dans une espèce, un même caractère peut présenter plusieurs variantes (voir p. 188, « La subtilité des protéines cousines germaines »). Par exemple, le caractère « couleur des yeux » présente les variantes : bleu, marron, etc. (En fait, la détermination de la couleur de l'iris ne répond pas à des lois simples de transmission des caractères et on ne sait pas encore comment expliquer les nombreuses nuances, ou même associations, de diverses couleurs dans un même iris.) Ces variantes des caractères manifestés sont codées par des variantes du gène (fragment de chromosome codant pour le caractère). Les variantes des gènes (appelées *allèles* ou *formes alléliques*) sont fréquemment au nombre de deux ou plus nombreuses. Ainsi, les groupes sanguins sont codés par trois variantes A, B, O.

Les variantes ne sont pas des fantaisies gratuites des espèces. Elles offrent, étant utilisées l'une ou l'autre, une meilleure adaptabilité aux conditions locales d'une aire. La nature de la pression de sélection qui s'exerce sur les variantes des groupes sanguins est mal connue. Cependant on sait que leur effet, couplé à celui d'autres gènes, peut accroître la résistance à une maladie. Ainsi l'allèle O accroît la résistance aux ulcères et l'allèle A protège du carcinome gastrique (cancer). On constate que les allèles (A, B, O) ne sont pas favorisés de la même façon en chaque point du globe. L'allèle B représente moins de 5 % des gènes dans les populations basques et pyrénéennes tandis qu'il représente plus de 25 % à l'est de l'Oural.

Ces exemples montrent que les gènes sont cosélectionnés. Un gène désavantageux à première vue peut se maintenir dans une population parce qu'il présente par ailleurs un avantage contre un risque. Ainsi il existe une mutation (dite HbS) touchant la structure de l'hémoglobine et rendant celle-ci moins apte à fixer l'oxygène (les hématies prennent la forme d'une faucille, l'anémie est nommée « anémie falciforme »). La maladie est mortelle si le sujet possède ses deux gènes mutés. Par contre, si le sujet possède un seul gène muté, il se trouvera mieux protégé contre le paludisme qu'un sujet ayant ses gènes « hémoglobine » sains. Ceci expliquerait le fait que le gène provoquant l'anémie se maintienne à un taux élevé dans les zones de paludisme.

Chaque espèce ne présente pas une répartition géographique homogène. Elle se scinde en communautés, en populations. Ces populations sont des unités constituantes du vivant, dont l'isolement n'est pas suffisant pour qu'elles deviennent des espèces autonomes mais dont l'isolement est suffisant pour que les individus y recherchent préférentiellement leur partenaire sexuel. En ce sens chaque population apparaît comme une unité de reproduction au sein d'une même espèce.

Le trait majeur d'une population est l'hétérogénéité des caractères : variation de la taille, de la couleur, des téguments et des yeux, variabilité sérologique (groupes sanguins), anomalies morphologiques et physiologiques. Les populations sont éminemment hétérogènes et cette hétérogénéité est d'autant plus grande que la pression du milieu est faible (ce qui est le cas dans l'espèce humaine).

Le polymorphisme des populations est la conséquence de plusieurs mécanismes antagonistes. Il naît par les mutations qui font apparaître de nouveaux allèles, de nouvelles variantes d'un même gène. Il se répand dans une population par reproduction sexuée qui assure le brassage et la recombinaison des allèles offerts par les parents ainsi que leur transmission aux futures générations (voir p. 113 : « La sexualité au service de la nouveauté »). C'est sur cette diversité génétique que la sélection naturelle s'installe. Elle détruit les allèles défavorables et autorise ceux qui, dans le contexte — du lieu et du moment — augmentent la valeur sélective de l'individu. Alors, les allèles passés au crible de la sélection peuvent se répandre dans la population et augmenter leur fréquence.

Le qualificatif « défavorable » n'est pas facile à attribuer. Un allèle défavorable dans un milieu peut ne pas l'être dans un autre. Il peut même sauver l'espèce si le mutant qui le porte se comporte en migrant assurant le transport de ce nouvel allèle vers des lieux plus propices.

En résumé, les populations instaurent un véritable niveau d'organisation du vivant où, sur fond de constance de l'information, s'installe un fulgurant polymorphisme, source de vigueur et garant de la préadaptation, toujours nécessaire, de quelques individus à des variations imprévisibles du milieu de vie.

La différence des sexes

Un exemple de polymorphisme intraspécifique spectaculaire, auquel nous sommes accoutumés au point de ne plus en apercevoir l'aspect « merveilleux », est représenté par le dimorphisme sexuel. Comment la complémentarité sexuelle a-t-elle pu s'établir aussi subtilement tant d'un point de vue anatomique, physiologique, que comportemental ?

Précisons en premier lieu qu'un seul gène peut agir sur plusieurs caractères et peut se traduire à la fois dans les champs anatomique, physiologique et comportemental. Ainsi, un changement de commande nerveuse peut modifier la fréquence des battements d'ailes utilisés comme signal sexuel chez les Insectes. Ou encore, un changement hormonal ou de sécrétions odorantes peut modifier l'attraction des partenaires et la singularité d'une pariade nuptiale. Prenons l'exemple de la pariade nuptiale chez les *Drosophiles* (mouche du vinaigre). A. W. Ewing propose qu'un même gène (ou un groupe de gènes communs) puisse gouverner des structures complémentaires entre les deux sexes. Chez ces espèces, il existerait des gènes de la communication sonore communs au mâle et à la femelle et des gènes spécifiques à chaque sexe. Chez le mâle, l'action conjuguée de gènes spécifiques et de gènes communs aux deux sexes permettrait l'émission de sons par vibrations des ailes. Chez la femelle, l'action conjuguée de gènes spécifiques et de gènes communs permettrait la réception du signal et l'élaboration de la réponse adaptée. Dans ce modèle, il suffit d'une mutation d'un gène commun pour entraîner à la fois une modification de l'émission chez le mâle et de la réception chez la femelle. Une mutation sur un gène commun met en place une autre communication sonore. Cette nouvelle communication se traduit par une réponse autre à une émission autre. La pariade, bien que différente de la pariade ancestrale, est toujours possible.

Nous connaissons précisément chez les Mammifères (en particulier chez l'Homme) des bases génétiques communes qui s'expriment différemment dans les deux sexes tant sur le plan anatomique, physiologique que comportemental. En particulier les organes génitaux complémentaires sont gouvernés en partie par des gènes communs, en partie par des gènes spécifiques à chacun des sexes. En effet, à un stade précoce du déve-

CORRESPONDANCE ENTRE LES ORGANES GÉNITAUX EXTERNES MÂLES ET FEMELLES

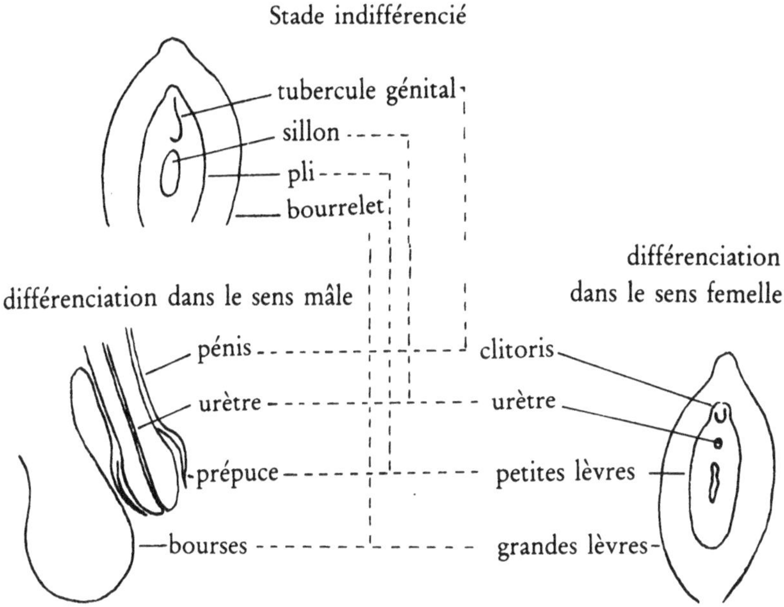

loppement embryonnaire intra-utérin, l'organisme est sexuellement indifférencié. Il n'existe pas de différence entre la future petite fille et le futur petit garçon. Futurs ovaires et futurs testicules ont à ce stade une histoire identique qui en font des glandes indifférenciées. Utérus et prostate sont représentés par la même masse musculo-glandulaire. Pénis et clitoris sont réduits au même tubercule génital. Grandes lèvres et bourses (*scrotum*) sont représentées par le même bourrelet, petites lèvres et prépuce par le même pli et vagin et urètre par le même conduit. L'origine commune de ces organes suffit à expliquer certaines formes aberrantes intermédiaires (*transexualisation*), mais elle peut aussi expliquer comment dans l'histoire des espèces une innovation peut retentir simultanément sur des organes complémentaires des deux sexes et faire qu'ils puissent simultanément changer tout en demeurant éventuellement complémentaires.

Ce n'est qu'à un stade plus tardif du développement embryonnaire que le sexe génétique XY (présence du Y) fera évoluer la glande sexuelle dans le sens d'un testicule, tandis qu'elle évoluera dans le sens d'un ovaire chez le sexe génétique XX.

Puis, secondairement, les canaux évoluent soit dans le sens mâle, soit dans le sens femelle. Il faut savoir que chez les Mammifères, l'embryon indifférencié possède à la fois des canaux destinés à évoluer dans le sens femelle (canaux de Muller évoluant en trompes utérines) et des canaux destinés à évoluer dans le sens mâle (canaux de Wolf évoluant en spermiductes). L'évolution vers le type mâle (sexe XY) est dépendant de l'activité hormonale du jeune testicule. La testostérone, sécrétée par les cellules de Leydig, permet le maintien des canaux de Wolf tandis que les cellules de Sertoli sécrètent une hormone antimullérienne qui provoque la régression des canaux de Muller. L'évolution vers le type femelle (sexe XX), en l'absence des hormones mâles, se fait spontanément, de façon autonome. Les canaux de Wolf régressent, les canaux de Muller se développent.

De la même façon, des complémentarités fonctionnelles peuvent relever de la mise en œuvre d'hormones communes aux deux sexes.

Une hormone hypophysaire (*FSH*) est sécrétée dans les deux sexes. Chez la femelle elle gouverne la sécrétion d'une autre hormone, l'*oestradiol* ou *folliculine*, par les cellules folliculaires de l'ovaire. La folliculine est responsable tant à la fois de la maturation des ovules, de l'épaississement de la muqueuse utérine et du transit de l'ovule et des spermatozoïdes dans les voies génitales ainsi que du comportement sexuel femelle. Chez le mâle, la même hormone FSH règle le fonctionnement des cellules de Sertoli du testicule (cellules ayant même origine embryonnaire que les cellules folliculaires femelles). Ces cellules favorisent la maturation des spermatozoïdes, assurant tout à la fois la phagocytose des débris cytoplasmiques abandonnés par les futurs spermatozoïdes, l'activation de la testostérone ; elle est aussi nécessaire au bon état de l'épididyme et à la sécrétion du liquide de mise en suspension et de nutrition des spermatozoïdes.

Une autre hormone hypophysaire (*LH*) est, comme la FSH, sécrétée dans les deux sexes. Dans le sexe femelle, elle permet la sécrétion de progestérone par les cellules de la thèque du follicule et par celles du corps jaune ovarien. La progestérone est responsable de la ponte ovulaire, de la nidation de l'œuf, du maintien de la gestation et du comportement maternel. Cette même hormone LH contrôle, chez le mâle, la sécrétion de testostérone par les cellules de Leydig du testicule. Outre son rôle physiologique (bon état des spermatozoïdes), la testostérone est responsable du comportement sexuel et de l'acquisition de caractères sexuels tels que la mue de la voix et le développement de la musculature et de la pilosité (caractères sexuels dits secondaires).

Comme dans le modèle Drosophile, des caractères complémentaires sont gouvernés en partie par des gènes communs aux deux sexes (gène de la FSH, gène de la LH), en partie par des gènes spécifiques. Dans ce schéma, on peut émettre l'hypothèse qu'une mutation d'un gène codant pour les hormones hypophysaires d'une espèce retentirait à la fois sur l'expression des caractères femelles et mâles complémentaires.

La sexualité au service de la nouveauté

La reproduction sexuée est une façon de regrouper, dans un même organisme, des variantes d'un caractère tout d'abord dissociées dans les deux organismes parentaux. Il peut en résulter un nouveau phénotype. Ainsi, de deux parents aux yeux marron — mère (un gène marron + un gène bleu) et père (un gène marron + un gène bleu) — peut naître un enfant aux yeux bleus (un gène bleu + un gène bleu). Il suffit pour cela que la mère et le père lèguent chacun leur gène bleu (les parents ont les yeux marron parce que le gène marron domine le gène bleu).

Pour comprendre le brassage génétique opéré par la reproduction sexuée, nous devons nous souvenir que dans les glandes génitales, les cellules reproductrices subissent une division particulière, la méiose (voir p. 55 : « De mère en fille »), qui ramène le nombre de chromosomes de deux lots de 23 à un seul lot de 23 (dans l'espèce humaine).

Considérant par exemple notre mère, nous découvrons qu'elle peut léguer un très grand nombre de combinaisons différentes des chromosomes hérités de ses parents. Lors de la méiose peut être tiré pour chaque paire : soit le chromosome de notre grand-mère maternelle, soit le chromosome de notre grand-père maternel. Au cours de ce tirage au sort pour la répartition des chromosomes, le nombre de combinaisons est gigantesque puisqu'il est égal à 2^{23} = 8 388 608. Il correspond à autant de gamètes femelles possibles (ovocytes), différents les uns des autres par leur stock de chromosomes.

Le même raisonnement peut être tenu chez le père vis-à-vis des gamètes mâles (spermatozoïdes). En fin de compte, au cours d'une fécondation, l'un des 2^{23} gamètes possibles maternels se combine à l'un des 2^{23} gamètes possibles paternels. Un enfant représente l'une de ces nombreuses possibilités de mixage des chromosomes des grands-parents. Cette distribution aléatoire des chromosomes dans les gamètes parentaux n'est pas la seule stratégie novatrice mise en œuvre par la reproduction sexuée.

Peu avant la division cellulaire qui va permettre de réduire le nombre des chromosomes des cellules sexuelles, les chromosomes se livrent à un jeu d'enjambement, comme dans un ultime effort à ne pas se quitter ! Dans ces embrassades, au sein des glandes sexuelles parentales, entre un chromosome légué par la grand-mère et le chromosome-frère légué par le grand-père, des fragments de bras sont échangés. Ainsi peuvent être légués au futur nouveau-né des chromosomes hybrides issus en partie du grand-père et en partie de la grand-mère. Il s'ensuit un brassage de variantes d'un même gène, d'un même caractère. Dans d'autres cas, ce n'est pas seulement la répartition des caractères qui est modifiée, mais la quantité même du matériel génétique.

Au cours des enjambements entre chromosomes ou même au cours de la copie du matériel génétique, des pertes de fragments peuvent survenir. Les coupures de chromosomes, les échanges provoquent soit une adjonction de fragments empruntés à un autre chromosome, soit une inversion de fragments dessoudés puis ressoudés tête bêche, soit des redoublements du matériel génétique. Ces modifications conduisent généralement à des anomalies sévères mais elles sont parfois le moteur de l'évolution des espèces, permettant l'invention d'un nouveau groupe. Il semble que ces mécanismes aient été déterminants en particulier dans la différenciation des genres chez les primates. La comparaison des chromosomes des Chimpanzés et de ceux de l'Homme montre que le chromosome numéro 2 humain correspond à la fusion de deux chromosomes ancestraux restés dissociés chez les Chimpanzés. Ce qui explique que l'Homme ne possède que 23 chromosomes différents tandis que le Chimpanzé en possède 24. De plus, le chromosome numéro 4 humain, ainsi que le numéro 5 diffèrent de leur homologue chez le Chimpanzé par une inversion d'une partie de leurs bras.

Au cours d'une reproduction sexuée, le nombre de chromosomes passant dans un gamète peut être différent de 23. Il suffit que les deux exemplaires de l'un d'eux passe dans le même gamète (lors de la méiose) pour que ce gamète possède un chromosome surnuméraire. Par contre, le gamète frère se trouvera déficitaire pour un chromosome. Il s'ensuit de ces accidents qu'un œuf peut avoir un nombre de chromosomes autre que ses parents. Chacun connaît le syndrome de la *trisomie 21* (nommé *mongolisme* dans un passé encore proche) où un troisième chromosome numéro 21 est associé au génome. De telles modifications du nombre peuvent toucher d'autres chromosomes et en particulier les chromosomes sexuels donnant des formules aberrantes :

xy + y, phénotype mâle avec comportement agressif éventuellement exacerbé ;

xy + x, phénotype mâle stérile (15 sur 10 000 naissances) ;

xx + x, phénotype femelle avec déficience mentale éventuelle ;

x (absence du 2e x) phénotype femelle stérile et nanisme fréquent.

Ces variations du nombre surviennent toujours au moment de la redistribution des chromosomes parentaux dans les cellules sexuelles. Comme les anomalies intrachromosomiques, elles peuvent être l'origine d'une innovation viable. Elles ont permis en particulier l'évolution de divers groupes de végétaux. Contrairement à l'habitude, la luzerne ne possède pas deux fois, mais quatre fois, le même stock de chromosomes (n = 8 ; 4n = 32). Les blés s'hybrident facilement et peuvent cumuler les chromosomes d'espèces initiales différentes. Deux espèces de blé 2n = 14 peuvent donner une espèce 2n = 28. Une espèce 2n = 14 peut également se croiser avec une espèce 2n = 28 pour donner une espèce 2n = 42. Cette plasticité des végétaux n'est pas partagée par les animaux bien qu'il existe des *Xenopes* (Amphibiens exotiques) de grande taille à 4n chromosomes.

En résumé, la reproduction asexuée est au service du nombre : un donne plusieurs. Par contre, la reproduction sexuée est non seulement au service du nombre — deux peuvent donner plusieurs — mais également au service de la qualité. Les plusieurs y sont différents. Il ne s'agit pas seulement d'une « reproduction » d'individus au sein d'une espèce, il s'agit aussi d'une « génération » d'individus éventuellement différents par quelques caractères, porteurs de polymorphisme intraspécifique et dans quelques rares cas porteurs d'une novation originaire d'une révolution génétique, d'un nouveau plan d'organisation, d'un nouveau plan de vie.

La mort d'une espèce

L'histoire du vivant n'est pas seulement celle de la naissance, celle de la survie du mieux adapté, celle de la pérennité. Elle est aussi celle des multiples essais qui n'ont pas abouti, qui n'ont pas été retenus par la pression de sélection. Comment nier que les quelques espèces élues à la vie cachent des myriades d'espèces bannies du monde du vivant ? Combien d'espèces mort-nées nous sont à jamais inconnues ? Même les espèces élues finissent par disparaître un jour.

Voici 65 millions d'années, une véritable « vague de mortalité » a secoué le monde vivant. Si les exemples les plus classiques restent l'extinction du groupe des ammonites (plus exactement des *Ammonoïdes*) et celle du groupe des Grands Reptiles, ce sont en fait de nombreuses espèces végétales et animales qui ont disparu à la même époque. Aujourd'hui, les paléontologistes scrutent les couches de terrains sédimentaires, y recherchent les indices de variation de l'acidité des eaux, de leur température, de la teneur en éléments minéraux (sel, carbonate de calcium, métaux toxiques). Les causes des extinctions massives de la fin de l'ère secondaire ne sont pas évidentes et de nombreux scénarios ont été avancés. Les ammonites, las d'évoluer depuis plus de 300 millions d'années, auraient épuisé leurs capacités à s'adapter. Ne se dit-il pas que les Grands Reptiles végétariens seraient morts de ne plus avoir assez de 24 heures par jour pour se nourrir ? Comment expliquer l'extinction dans le même temps de 80 à 90 % des espèces planctoniques marines, ainsi que celle d'animaux marins (*Belemnites*, *Rudistes*, etc.) et de nombreux végétaux terrestres ? Plutôt que d'invoquer une cause endogène aux organismes vivants, il semble plus réaliste de rechercher une cause exogène (écologique) à ces disparitions.

Les hypothèses sont nombreuses :

1. La régression rapide des mers liée à l'extension des continents aurait asséché de larges zones côtières précédemment colonisées par la vie.

2. Le refroidissement du climat aurait été néfaste aux espèces du plancton. La disparition de ces espèces aurait gravement perturbé les chaînes alimentaires dont elles constituent la base. Les consommateurs, au régime alimentaire le plus étroit, le plus spécialisé, telles les Ammonites, auraient été les premiers à souffrir de ces déséquilibres.

3. La chute d'une météorite géante, ou celle de nombreuses comètes, ou alors la traversée par le système solaire d'un vaste nuage de poussières interstellaires aurait obscurci l'atmosphère et apporté des métaux toxiques (iridium, osmium, palladium, etc.) néfastes au plancton. Le plancton végétal, nécessitant la lumière solaire pour se développer, aurait eu aussi à souffrir de l'obscurcissement.

4. L'acidité aurait augmenté, entraînant une chute du taux des carbonates de calcium, d'où les anomalies de la coquille des Mollusques et du squelette et œufs des Reptiles.

5. Un réchauffement (momentané (?), consécutif à l'effet de serre provoqué par les poussières en suspension dans l'atmosphère ?) de l'ordre de 10 degrés aurait été défavorable aux Reptiles, animaux dépourvus de régulation thermique.

Quelle que soit la cause de l'extinction d'une espèce, elle apparaît toujours comme la conséquence de la perte d'un équilibre dynamique, comme la conséquence d'une rupture. La mort est l'aboutissement, l'achèvement d'un phénomène, d'un processus.

*

Les erreurs de copies de l'ADN, les remaniements intrachromosomiques, les anomalies de distribution des chromosomes parentaux au moment de la formation des gamètes sont les trois mécanismes novateurs majeurs du vivant. Les descendants, porteurs de nouveauté, se maintiennent seulement s'ils sont adaptés, en harmonie avec les conditions du milieu.

Les innovations installent un polymorphisme intraspécifique rendant le groupe moins vulnérable face à des variations (toujours inattendues) du milieu de vie. Elles peuvent aussi provoquer une dérive génique, s'additionnant de proche en proche, de mutant en mutant, si ceux-ci se trouvent isolés des populations mères au fil des générations. Dans ce cas, les innovations peuvent conduire à la naissance d'individus qui, bien qu'issus de la même souche ancestrale, sont suffisamment différents pour ne plus être aptes à se reproduire entre eux. De là naissent deux espèces sœurs.

Il est peu probable que cette sommation de petites innovations puisse conduire à la naissance de grands groupes. Aussi, les grands groupes résulteraient plutôt d'une innovation majeure réussie par un marginal (?). Ce marginal serait alors l'origine d'un nouveau plan d'organisation, d'un nouveau plan de vie à son tour soumis au jeu inlassable du vivant, au jeu de la diversification, de la multiplicité.

6

L'histoire individuelle

L'harmonie avec le milieu extérieur n'est pas la seule contrainte imposée aux organismes vivants. Ceux-ci doivent également répondre aux lois d'une cohérence interne. L'harmonie doit régner entre leurs différentes parties, elle siège au niveau des corrélations entre organes et fonctions. Elle est d'ordre systémique. Toute innovation, au cours de l'évolution des espèces, ne peut être acceptée que dans la mesure où elle ne met pas le système vivant en péril dans son unité propre. La cohérence interne doit être assurée pour chaque individu. Elle découle de l'information génétique mais elle se construit selon une séquence propre à l'histoire de chaque individu.

La naissance de l'individualité

Le processus d'individualisation — de délimitation dans l'espace et dans le temps de l'individu — s'est amorcé dans la soupe primitive lorsque les microgouttes ont délimité une parcelle du milieu. Les membranes biologiques avaient alors capturé des microrégions du cosmos devenues l'espace privilégié des jeux du vivant. L'individualisation est une conséquence de l'intériorisation du milieu extérieur. Le vivant s'abstrait du milieu en le captant. Il accroît sans cesse l'information dont il dispose à son égard. Il ne s'agit pas pour lui de se « replier sur lui-même » mais de diversifier les relations avec l'environnement. Il ne s'agit pas d'œuvrer à une « fermeture » mais à une métabolisation, à une économie.

L'information génétique ne gouverne pas seulement le développement (la morphogenèse) de l'organisme mais également sa cohérence interne (sa physiologie) et ses échanges avec le milieu (son écologie et son éthologie). Elle offre à l'individu les moyens de s'informer, elle le dote d'organes sensibles, sensoriels.

Les individus peuvent être regardés de deux façons bien différentes. Ils sont vecteurs, au travers des temps, des molécules informationnelles. De génération en génération ils s'adonnent à une interminable course de relais, transmettant, par filiation, les molécules d'ADN. C'est au cours du passage des uns aux autres que ces molécules jouent au jeu de l'évolution de la vie. Comme la poule est un moyen commode pour l'œuf de pondre un autre œuf, tout individu est un moyen commode pour les molécules d'ADN de construire de nouvelles molécules d'ADN. Mais, les individus, expressions de l'information contenue dans l'ADN, ne sont pas que des vecteurs d'ADN. Nés de l'ADN et enfantant l'ADN, ils survivent un temps à cette paternité. Ils vivent un temps pour leur propre compte (chez l'homme, l'âge moyen de reproduction est de trente ans tandis que l'espérance de vie est de l'ordre de 72 à 75 ans dans les pays industrialisés). Ce temps supplémentaire que les systèmes vivants détournent de la frénésie reproductrice des molécules informationnelles, ce temps qu'ils détournent au profit de leurs propres jeux, seuls les hommes en ont conscience.

Les civilisations de productivité ont valorisé l'âge adulte, rejetant en amont l'âge juvénile et en aval l'âge de la vieillesse. Cependant, le développement biologique de l'individu est un continuum qui s'écoule depuis l'œuf jusqu'à l'état sénescent.

L'histoire individuelle a un cours. Chaque phase, chaque état est préparé par le précédent et prépare le suivant. Cette édification de l'être nécessite une information temporelle et spatiale élaborée. Aussi, les biologistes s'accordent actuellement à penser qu'une grande part de l'information génétique serait dévolue à la chronologie et à la topologie de cette individualisation.

L'histoire de l'individu

Aux XVIIe et XVIIIe siècles, bon nombre de naturalistes pensaient voir dans les spermatozoïdes (qu'ils étaient les premiers à observer) des « animalcules » qui n'auraient été autres que des adultes miniatures, préformés. Cette conception d'une préformation des organismes dans le germe est assez bien illustrée par le développement des Mollusques et des vers (*Annélides*) où les diverses régions de l'œuf sont déterminées dès la fécondation. Chez de tels œufs « mosaïques », une région donne un organe précis et son ablation entraînerait l'absence de cet organe chez l'adulte. Pour la plupart des espèces il n'en est pas ainsi. L'organisation de l'individu n'est pas prédéterminée (elle n'est pas déterminée d'emblée à la formation de l'œuf ou *zygote*). Elle est au contraire assujettie à l'histoire du développement embryonnaire. Au cours des premiers stades, l'œuf manifeste une haute plasticité. La perturbation (accidentelle ou expérimentale) d'une région peut être effacée par une réaction compensatrice d'une autre région du germe. Cette autre région est ainsi conduite à édifier des structures qui ne correspondent pas à sa destinée habituelle. Le germe soumis à une lésion, à une perturbation, réagit pour tendre à réaliser l'ensemble des prestations normales caractéristiques de ce système et de son unité (L. Gallien).

Prenons l'exemple du développement de l'œuf de Triton. Une séparation expérimentale des deux premières cellules permet d'obtenir deux tritons. (Les vrais jumeaux, même chez l'Homme, sont issus d'un tel avatar.) Cependant, cette puissante faculté de régulation des potentialités de l'œuf est limitée, dans le temps, aux premiers stades du développement.

Au début de son développement, l'œuf passe par un stade de deux cellules, puis de quatre cellules, puis de huit cellules, etc. Il ressemble alors à une petite mûre (*morula*) qui se creuse ensuite (*blastula*). A ce stade, des mouvements conduisent certaines cellules périphériques vers les profondeurs de la mûre creuse et ceci à l'image d'une baudruche dont la surface s'invaginerait sous la pression d'un doigt. Naissent ainsi deux structures emboîtées : l'externe ou ectoderme, et l'interne (en forme de doigt de gant) ou endoderme. Puis une troisième catégorie cellulaire se désolidarise progressivement de la couche endodermique et s'immisce entre elle et l'ectoderme, c'est le mésoderme (le « troisième acteur » dont nous avons déjà souligné les prouesses, voir p. 63, « Trilogie tissulaire »). Si rien ne vient perturber le développement, la destinée des cellules appartenant aux trois feuillets embryonnaires est déterminée. Chez les Vertébrés, les cellules du feuillet ectodermique donne l'épiderme, les organes sensoriels et le système nerveux. Les cellules du feuillet mésodermique donnent le derme, le squelette, les muscles, le système circulatoire, l'appareil urogénital. Les cellules du feuillet endodermique donnent le tube digestif et l'appareil respiratoire.

L'individualisation des tissus, des organes, ne doit pas être comprise en termes d'isolement mais en termes d'acquisition d'une identité. La différenciation des tissus, des organes, les uns par rapport aux autres permet de les nommer non seulement en eux-mêmes, mais également comme des « éléments faisant partie » d'un système cohérent.

Les tissus acquièrent leurs aptitudes, leurs déterminations, au cours des mouvements qui les font glisser l'un sur l'autre, qui les mettent en contact l'un avec l'autre. Des substances de l'un induisent la détermination de l'autre selon une topologie, une chronologie qui tout au long d'un jeu systémique structurent l'organisme naissant. Ces relations de voisinage qui s'instaurent au cours des mouvements tissulaires provoquent une détermination progressive des territoires, une régionalisation de plus en plus précise, de plus en plus « intime » des organes.

Laissons-nous distraire un instant par le bel exemple de la structuration de l'œil. Après le stade de mise en place des trois feuillets embryonnaires, l'ectoderme dorsal (dos de l'embryon) se creuse en forme de gouttière puis se referme en un tube : le tube nerveux primordial dont la région antérieure se vésiculise. Les vésicules les plus latérales (vésicules optiques du diencéphale au stade du bourgeon caudal) participent à la construction de l'œil.

Dans le territoire présomptif de l'œil — territoire le plus latéral des vésicules, connu pour donner l'œil —, les organes de l'œil vont se déterminer l'un l'autre en une cascade d'actions et de réactions. La séquence d'événements débute sous l'effet de l'activation du tube neural par des substances émises par le mésoderme (logé ici entre l'épiderme et le cerveau en formation). Il suffit d'exciser cette région du mésoderme pour supprimer la construction de l'œil.

La région évaginée du cerveau moyen évolue en rétine. C'est au contact de celle-ci que l'ectoderme se trouve déterminé en un « devenir cristallin ». Des cellules se détachent de l'ectoderme et forment le cristallin. Une ablation précoce des vésicules optiques empêcherait cette individualisation du cristallin qui resterait à jamais absent de la scène. Au contraire, une ablation tardive des vésicules n'empêcherait pas la formation du cristallin car, dans l'intervalle, la région ectodermique aurait été informée par celles-là.

Ces ablations permettent de mettre en évidence qu'un territoire présomptif n'est pas déterminé dans ses aptitudes. Il doit être induit dans son devenir par l'influence des tissus environnants. Une fois induits, les territoires constituent alors des « champs morphogénétiques » définitivement déterminés dans leur devenir.

Un territoire présomptif transporté dans un autre lieu de l'organisme peut donner un organe autre que l'organe attendu d'après son lieu d'origine. Au contraire, un champ morphogénétique transplanté se développe toujours conformément à la présomption. Il est déterminé. Enfin, un tissu possédant lui-même des propriétés inductrices peut modifier l'évolution d'un territoire dans lequel il est transplanté. Ainsi la greffe d'une vésicule optique sous l'ectoderme du ventre de l'embryon permet la formation d'un cristallin. L'ectoderme n'est donc pas régionalisé vis-à-vis de l'aptitude à produire du cristallin. Cet exemple montre que les potentialités réelles des différents territoires de l'embryon sont supérieures à celles qu'il exprime.

De nombreux exemples de champs morphogénétiques peuvent être donnés. Chez les Amphibiens, le champ des membres est très étendu. Au stade précoce de l'embryogenèse du Triton (stade *neurula*), il faut réaliser une large ablation du flanc, bien au-delà de l'endroit habituel du membre, pour priver l'adulte de pattes. A un stade plus tardif, le bourgeon des pattes est lui-même régionalisé en trois zones qui donneront la cuisse, la jambe et le pied encore invisibles. Pour mettre en évidence cette détermination, il suffit de prélever une de ces trois zones du bourgeon et de la transplanter dans une autre région du corps. Elle s'organise en donnant le segment attendu. Ainsi les régions du corps se déterminent, se précisent de proche en proche.

Cette régionalisation, par étapes, peut être l'occasion d'une diversification des espèces au sein d'un même thème. Certes, tous les Mammifères ont des mamelles. Mais, alors que tous les embryons ont la même potentialité à en former, leur nombre et leur place varient chez les adultes des diverses espèces, en fonction de leur biologie de la reproduction, des soins aux jeunes et peut-être même de la sexualité. Les embryons des deux sexes de tous les Mammifères (y compris ceux de l'espèce humaine) présentent deux crêtes mammaires épidermiques, parcourant la face ventrale de la région pectorale à la région inguinale et potentiellement aptes à donner deux chapelets de mamelles. Cependant seuls certains bourgeons mammaires parviendront à maturité. L'espèce la mieux dotée est une sorte de musaraigne de Madagascar (le *Tenrec*) qui ne possède pas moins de douze paires de mamelles. Les femelles porcines font aussi un beau score. Chez les ruminants, les mamelles sont limitées à la zone inguinale et chez les carnivores (chattes) elles sont pectoro-abdominales. Les primates se satisfont d'une paire ; petit nombre en relation avec une gestation habituellement monofœtale. La position pectorale favorise le nursing et en particulier la prise dans les bras (autre enveloppe marsupiale) au moment de la tétée. Elle sert aussi le discours amoureux, en face à face, dans l'espèce humaine.

Le développement embryonnaire d'un individu conduit à l'adulte, aux êtres tels que nous les connaissons. Cependant cette histoire est épigénétique, elle se joue de « plusieurs possibles » offerts par le génome. Si l'histoire est contrariée, infléchie, d'autres conformations peuvent voir le jour, nous avons coutume de les nommer anomalies, malformations, monstruosités.

La part de la mère

A l'instar des Grecs qui voyaient en la femme un vase recueillant la semence masculine, nous avons connu d'autres errements aux XVIIe et XVIIIe siècles. Tandis que les ovulistes attribuaient un rôle majeur à la femelle, les animalculistes considéraient les spermatozoïdes comme des adultes miniatures. Depuis, la génétique nous a habitués à la double origine de nos molécules informationnelles : un exemplaire de notre texte génétique venant de la mère et l'autre du père. Ces deux exemplaires ne jouent pas le même rôle. Nous savons déjà qu'un même gène peut exister chez nos ascendants sous des formes alléliques (voir p. 107,

« Multiplicité des individus et populations »), ou encore que le chromosome Y joue un rôle singulier dans la détermination du sexe. Les deux héritages parentaux sont-ils différents en d'autres points ?

Au plan psychique, les pédiatres et les psychanalystes disent combien la relation mère-enfant, au cours de la petite enfance, de la vie périnatale et de la vie intra-utérine, conditionne l'existence du futur adulte. Mais d'aucuns rétorqueront que le biologique n'est pas le psychique. Cependant, sur le plan biologique l'hygiène de la mère gestante est déterminante pour la santé du fœtus. Chacun connaît les effets nocifs des drogues. L'épanouissement du bourgeon est dépendant de l'accueil réservé par l'antique vase.

Sur le plan nutritionnel la mère dit encore son mot très tôt, et chez les espèces non gestantes (Oiseaux, Amphibiens, Poissons) l'œuf contient d'importantes réserves nutritionnelles initialement contenues dans la cellule femelle (ovocyte).

De façon plus surprenante, des découvertes relativement récentes montrent que, même sur le plan informationnel, le rôle de la mère et celui du père sont dissymétriques. La mère joue un rôle prédominant au cours des tout premiers stades de développement.

Nous nous souvenons que les caractères génétiques sont contenus dans l'ADN des chromosomes abrités dans le noyau des cellules. Cette information est copiée, sous forme de messagers (ARN messagers) pour être transportée dans le cytoplasme, lieu d'expression des caractères. Dans le cas qui nous intéresse, les messagers gouvernant les premiers stades du développement de l'œuf sont fabriqués bien avant la fécondation, dans la cellule précurseur de l'ovule. Ces messagers sont donc la copie de gènes maternels et, pour cette raison, les gènes correspondants sont dits « gènes à effet maternel ». Une erreur de copie d'un gène peut survenir, dans l'ovaire, au cours de multiplications successives des cellules précurseurs d'ovules. Aussi, une cellule précurseur peut abriter, dans son noyau, un gène sain et un gène erroné (chaque cellule du corps possède deux chromosomes, donc deux gènes gouvernant le même caractère) et dans son cytoplasme des messagers sains mais également des messagers erronés. Nous nous souvenons en effet, qu'au cours de la méiose (voir p. 55, « De mère en fille »), un stock de chromosomes des cellules précurseurs est éliminé de sorte que dans l'ovule chacun des caractères n'est plus gouverné que par un seul gène. Si, pour le caractère qui nous intéresse ici, le gène erroné est éliminé, l'ovule ne contient plus que le gène sain (ADN) dans son noyau. Cependant il contient encore les messagers erronés (ARNm) dans son cytoplasme. L'œuf qui en résultera, bien que possédant un patrimoine héréditaire sain, ne se développera pas harmonieusement car il abritera des messagers maternels erronés. On connaît ainsi chez un Amphibien (*Pleurodèle*) une mutation maternelle qui ne s'exprime qu'au cours du développement embryonnaire de la progéniture. Elle empêche la formation du tube digestif primaire (gastrulation) et provoque la mort de l'embryon.

Certes, un œuf (ovule + spermatozoïde) possède son propre génome mais il n'est pas en mesure de l'exploiter immédiatement. Le début de son développement, géré par les messagers maternels, se fait en toute ignorance de l'information paternelle.

En résumé l'« altruisme » maternel permet de pallier l'absence d'autonomie du génome de l'œuf. Cependant cette dépendance de l'œuf peut lui être fatale. Chez la plupart des Vertébrés le développement sous contrôle des messagers maternels se maintient jusqu'au stade de la blastula (petite mûre creuse) et le génome de l'embryon n'intervient que plus tard. Chez les Mammifères, tout au moins chez la souris, ce contrôle persiste jusqu'au stade 8 cellules. Il est probable qu'il en est de même chez l'Homme.

Jeu embryonnaire triangulaire

Des recherches effectuées chez la souris tendent à montrer que les chromosomes issus du père et ceux issus de la mère n'auraient pas le même rôle au cours du développement embryonnaire des Mammifères. Chacun connaît le rôle respectif des chromosomes X et Y dans la détermination du sexe, mais ici il ne s'agit pas de cela. Il s'agirait d'un marquage moléculaire touchant différemment tous les chromosomes issus de l'un ou de l'autre parent. Tous les chromosomes issus du père se souviennent de leur passage dans un organisme mâle et de même tous les chromosomes issus de la mère se souviennent de leur passage dans un organisme femelle.

Le marquage résulterait d'une plus faible *méthylation* des gènes des chromosomes d'origine paternelle. Le principe de marquage des gènes par méthylation est simple. Il s'agit de la fixation d'un radical méthyl (= $-CH_3$) sur une des bases organiques (la *cytosine*) participant au code génétique. Les gènes comprenant de telles cytosines, encombrées par le radical méthyl, ont un comportement modifié. Selon le cas, leur expression se trouve soit activée, soit au contraire réprimée.

Le marquage « père » (faible méthylation des gènes portés par les spermatozoïdes) s'installerait lors de la formation des spermatozoïdes dans les testicules. Ce marquage est réversible en cela que chez une descendance fille, les chromosomes issus du père ont leur marquage effacé lorsque les cellules sexuelles évoluent en ovocyte. Le marquage « mâle-père » est alors remplacé par un marquage « femelle-mère » (forte méthylation). De même le marquage « mère » s'efface chez une descendance garçon lors de la formation des spermatozoïdes.

Le marquage détermine un rôle différent des chromosomes paternels et maternels. Ceci a pu être montré en particulier grâce à des expériences de substitution dans un œuf de souris juste fécondé, d'un stock chromosomique d'un sexe par un stock du sexe opposé. En définitive, l'œuf manipulé contient deux stocks maternels ou deux stocks paternels identiques. Bien que le développement avorte précocement, ce type d'expérience laisse entendre que les chromosomes issus de la mère gouverneraient plutôt le développement du fœtus proprement dit tandis que les chromosomes issus du père gouverneraient plutôt la formation des annexes embryonnaires (placenta en particulier) ; annexes qui gèrent de façon transitoire (temps fœtal) les relations inter-organiques entre la progéniture et la mère.

Un programme de développement

Plus l'organisme est complexe, plus l'information nécessaire à son développement embryonnaire est conséquente. Elle doit gérer les relations spatiales et fonctionnelles des différentes parties. La façon dont les gènes œuvrent de concert pour édifier un organisme a été particulièrement révélée par les nombreuses anomalies observées au cours du développement de l'œuf de la mouche Drosophile. Ces mutations ont permis de déceler trois classes de gènes gouvernant l'organisation de l'embryon. Des gènes à effet maternel gouvernent l'organisation spatiale de l'œuf et des premiers stades de développement. Des gènes de segmentation déterminent le nombre et la polarité des segments du corps. Des gènes *homéotiques* précisent l'identité d'un segment.

Devenant figure mythologique, la Drosophile peut exhiber des ailes ou des pattes surnuméraires. Passant de deux à quatre ailes elle se prend à ressembler à une abeille et passant de six à huit pattes elle copie les araignées (qui — faut-il le souligner ? — ne sont pas des Insectes mais appartiennent, à leur côté, au groupe plus vaste des invertébrés à pattes articulées, les *Arthro-*

podes). La plus grande fantaisie consiste à remplacer un organe par un autre organe qui lui est homologue (un appendice par un autre appendice). Ces mutations affectent l'identité d'un segment du corps, car ses appendices se trouvent remplacés par ceux d'un autre segment. Par exemple, un appendice « antenne » est remplacé par un appendice « patte ».

La Drosophile, comme les autres insectes, a un corps segmenté, *métamérisé*. Elle est régionalisée en douze segments : la tête, trois métamères thoraciques, et huit abdominaux. La tête supporte les antennes. Le premier métamère thoracique supporte une paire de pattes, le deuxième une paire d'ailes et une paire de pattes, le troisième une paire d'organes d'équilibration (appelés balanciers ou haltères et correspondant à des ailes modifiées) et une paire de pattes. Les segments abdominaux ne supportent aucun appendice. Plus de trente mutations portant sur le nombre et la nature des appendices ont été observées. Les gènes modifiés par ces mutations sont tous localisés dans des régions restreintes du génome, à tel point que l'on parle de « boîtes » ou *homéoboxes* : région restreinte du génome supportant les gènes gouvernant l'organisation des appendices homologues. Certaines de ces mutations, qui rivalisent en dénomination poétique, présentent un puissant intérêt didactique. Elles nous offrent une explication élégante, et simple en soi, de la gestion d'une organisation spatiale.

Deux homéoboxes, bien connues, sont supportées par le chromosome numéro 3 de la Drosophile (celle-ci possède 4 chromosomes), il s'agit des *complexes Antennapedia* et *Bithorax*.

Le complexe Antennapedia gouverne la tête et les deux premiers segments thoraciques. La mutation la plus spectaculaire est la mutation *antennapedia* (qui a donné son nom à l'homéobox) où chacune des deux antennes est remplacée par une patte de type « patte du deuxième segment thoracique ». Le complexe Bithorax gouverne le troisième segment thoracique et les segments abdominaux. La mutation *bithoraxoïd* produit un adulte ayant, au niveau du premier segment abdominal, une paire de pattes surnuméraire de type « pattes du deuxième segment thoracique ». On connaît encore trois autres mutations (mutations des gènes abx, bx[3] et pbx du complexe *Ultrabithorax*) qui, combinant leur effet, peuvent transformer les haltères en « ailes du deuxième segment thoracique ».

Toutes les mutations tendent à instaurer un appendice de type « deuxième segment thoracique ». Aussi, ce segment apparaît comme le modèle de base. Il faut entendre par ce vocable qu'« une paire d'ailes + une paire de pattes de type deuxième segment thoracique » peuvent être potentiellement obtenues sur chacun des segments. Le rôle des gènes des homéoboxes est de superposer — à une information de base — une information sélective qui exprime une différence dans chaque segment et n'autorise la réalisation que d'une partie de l'information spatiale et d'organisation. Cette interprétation est confirmée par la connaissance d'une mutation qui correspond à l'absence complète (délétion) du complexe bithorax. Dans ce cas, la larve possède une tête, un premier segment thoracique et huit segments de type « deuxième segment thoracique ». Cependant cette forme n'est connue qu'aux stades embryonnaires, elle n'est pas viable, ce qui nous prive de voir voleter autour de nous, à l'époque des vendanges, des insectes à huit paires d'ailes et neuf paires de pattes.

Les homéoboxes nous aident à comprendre le développement embryonnaire et ils n'ont probablement pas fini de faire parler d'eux, tant chez les Insectes que chez les autres groupes d'animaux. Dans cette connaissance le génie génétique vient à notre aide, il permet d'aller à la recherche des homéoboxes. Ainsi, des fragments du chromosome numéro 3 de la Drosophile, supportant les homéoboxes, ont été utilisés comme « sondes » pour aller débusquer des complexes qui leur seraient équivalents (donc semblables) chez d'autres espèces. Une demi-échelle de la molécule d'ADN du chromosome numéro 3 de Drosophile peut se lier à une demi-échelle d'une molécule d'ADN de souris (ou d'une autre espèce) si des régions de ces molécules sont complémentaires. Par cette élégante technique il a été trouvé des homéo-

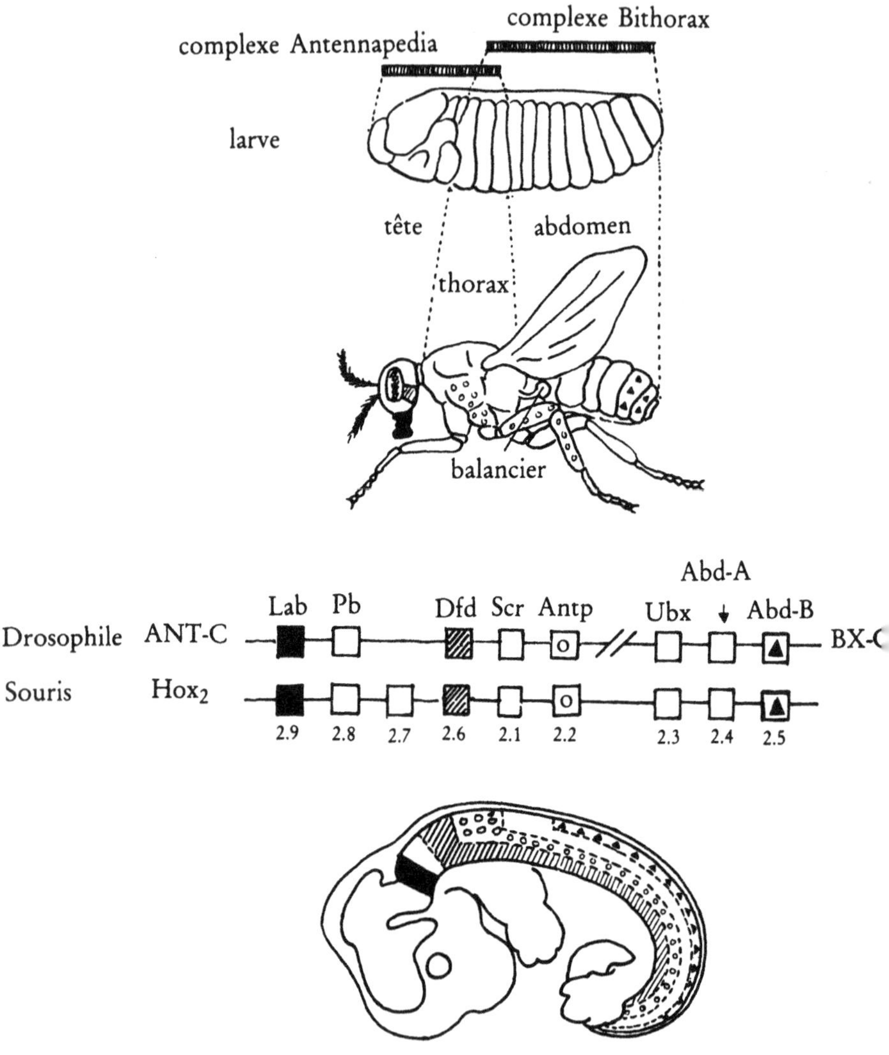

GÈNES APPARENTÉS ENTRE HOMÉOBOXES ANT et BX de la Drosophile et Hox_2 de la souris et les zones embryonnaires où ils s'expriment (d'après E. de Robertis *et alii*).

boxes chez d'autres insectes, chez les Crustacés. Annélides (vers), Amphibiens, Oiseaux et Mammifères y compris l'Homme. Parce qu'il existe une très forte ressemblance entre les complexes Antennapedia de Drosophile, MM3 du *Xénope*, Mo10 de la souris, et aussi Hu1 et HV2 portés par le chromosome numéro 17 de l'Homme, nous pouvons émettre l'hypothèse que les gènes composant les homéoboxes de ces divers organismes sont parents. Si ces fragments d'ADN, appartenant à des espèces aussi différentes, sont réellement parentes, il faut alors convenir que la pression sélective les a conservés parce qu'ils se sont trouvés bien adaptés tantôt à un rôle de gestion du plan d'organisation général, tantôt à un rôle diversificateur (de régionalisation, de gestion du particularisme) au niveau de chaque appendice.

Il est probable que les homéoboxes Antennapedia et Bithorax, peu éloignés l'un de l'autre sur le chromosome numéro 3 de la Drosophile, doivent leur ressemblance (près de 80 % de nucléotides identiques) au fait qu'ils sont des cousins germains dérivés d'un ancêtre commun dupliqué et diversifié. Ainsi, les ancêtres de la Drosophile, que nous rappellent les mille-pattes actuels, devaient posséder un ou quelques gènes gouvernant un développement répétitif d'un même segment. La diversité des appendices des divers segments du corps dans le groupe plus récent des mouches (les *Diptères* dont fait partie la Drosophile) serait due à une duplication et à une diversification des gènes ancestraux restés identiques à eux-mêmes chez les *Myriapodes* (millepattes) ; cousins éloignés des Insectes.

Il est certain que les homéoboxes permettront de comprendre la différenciation des structures répétitives aussi bien chez les Vertébrés que chez les invertébrés. Il en sera probablement ainsi pour la structure des vertèbres. On connaît un mutant de souris, *Rachiterata*, chez qui la septième vertèbre cervicale (la plus postérieure) est transformée en première vertèbre thoracique avec côtes.

Les vertèbres thoraciques de Mammifères — vertèbres avec côtes — représentent le modèle de base, expression d'une information génétique de base, mais qui s'avère être aussi le modèle ancestral. En effet, les vertèbres lombaires des Mammifères sont dépourvues de côtes ou plus rarement munies de côtes rudimentaires, tandis que les vertèbres correspondantes (vertèbres abdominales) des Reptiles et des Poissons en sont munies.

Les types « vertèbres cervicales » et en particulier l'atlas et l'axis seraient plus subtilement définis dans leurs singularités morphologiques par des gènes chargés de la régionalisation.

On sait maintenant, de façon très récente, que les gènes à homéobox commandent aussi le développement embryonnaire des Vertébrés. Ces gènes gouvernent la différenciation des diverses régions dans le sens tête-queue. Mais, de façon plus inattendue encore, on constate que la succession des gènes sur le chromosome est la même que celle des régions qu'ils gouvernent dans le sens tête-queue.

Pour avoir personnellement étudié la régénération des extrémités des membres chez les Vertébrés (triton, grenouille, souris), j'émets l'hypothèse que la différenciation des divers segments des membres serait gouvernée par une information génétique de type homéobox.

En particulier, le type « segment ancestral de base » serait représenté par un segment apte à former un tissu de régénération (blastème) pouvant restituer la partie perdue d'un membre. Tous les segments de membre des Amphibiens à queue (Urodèles) qui régénèrent leurs membres, seraient sur ce modèle de base, alors que chez les Mammifères seule la phalange terminale posséderait encore cette aptitude. Chez ces derniers, l'information génétique de base ne s'exprimerait plus qu'au niveau de la dernière phalange (voir p. 141, « Le vivant s'autorépare »).

Enfin, les gènes à homéobox viennent à l'aide pour la compréhension de l'évolution des espèces. Ils informent sur l'origine commune des êtres vivants. Aussi curieux que ceci puisse paraître, une grande parenté existe dans la séquence en nucléotides des gènes à homéobox de la Drosophile et de la souris. Ceci tendrait à dire que les gènes gouvernant la régionalisation d'un organisme sont apparus très tôt dans l'histoire du vivant et qu'ils se sont maintenus sans grand changement dans les divers plans d'organisation et au travers de la multiplicité des espèces.

Le cortex en semi-liberté

Notre système nerveux n'a pas encore achevé sa formation au moment de notre naissance. Il en est certes ainsi pour bon nombre de nos organes qui poursuivent leur croissance ou qui n'ont pas encore atteint leur pleine maturité fonctionnelle. Cependant le système nerveux présente la singularité remarquable d'achever la structuration et la maturation de son cortex en fonction des expériences vécues.

Bien que l'organisation générale du système nerveux soit identique d'un individu à l'autre et d'une génération à l'autre au sein d'une même espèce (voir p. 79, « D'un encéphale à l'autre »), il existe une frange de variabilité, décelable même entre les sujets ayant strictement le même patrimoine génétique (vrais jumeaux). Cette variabilité est d'autant plus grande que les espèces sont plus évoluées. Elle est maximale dans l'espèce humaine. Elle touche moins le nombre des neurones, qui est génétiquement déterminé dans chaque espèce, que l'exubérance de leurs prolongements.

Bien que la multiplication des cellules nerveuses s'arrête plusieurs semaines avant la naissance, le cerveau se développe jusqu'à l'adolescence (vers quinze ans). Ce développement résulte essentiellement de l'augmentation du nombre des cellules (*cellules gliales*) qui forment les tissus entre les neurones. Quant aux neurones, bien que leur nombre soit constant après la période fœtale, leurs prolongements cellulaires (*axone* et *dendrites*) accroissent leur taille et leur nombre. En définitive, la fluctuation qui échappe au déterminisme génétique se traduit, d'un sujet adulte à l'autre, par une variation du nombre des relations interneuronales (*synapses*) et de leur localisation. Ce phénomène a été élégamment interprété par la théorie de « l'épigenèse cérébrale stabilisée » particulièrement explicitée par Jean-Pierre Changeux.

Au cours du développement, à un âge encore juvénile, les terminaisons arborescentes des axones et des dendrites se développent de façon exubérante, formant un grand nombre de synapses dont beaucoup d'ailleurs peuvent être redondantes (c'est-à-dire qu'elles établissent des liaisons parallèles, identiques, entre deux mêmes cellules nerveuses). La singularité de la structure réside dans l'indétermination première des liaisons. L'observation microscopique montre en effet que certaines de ces liaisons, d'abord labiles, évoluent secondairement soit qu'elles disparaissent au cours de la vie, soit au contraire qu'elles se stabilisent. D'autres encore, stables à une époque, peuvent revenir à un état de labilité. Il en découle que le paysage des connexions interneuronales peut se modifier, évoluer, se redessiner. Ces modifications dépendent en fait du vécu individuel.

Chez le fœtus, les signaux nerveux circulent spontanément au travers du réseau puis, peu à peu, des trajets sont privilégiés tandis que d'autres sont délaissés. L'étude expérimentale montre que les trajets empruntés sont présélectionnés (*évoqués*) par les premières interactions du jeune avec l'environnement. (Un potentiel évoqué est une réponse à un stimulus naissant dans une zone du système nerveux central éloignée du lieu du stimulus et résultant de l'éveil d'un processus endogène.) Les contacts utilisés sont stabilisés. Les synapses non utilisées dégénèrent. La singularité du vécu individuel détermine la singularité individuelle des jonctions. Chaque contact synaptique évolue de façon singulière, propre, en fonction de l'ensemble des signaux qui lui parviennent au travers du réseau neural en activité. La conséquence décisive du fonctionnement du cortex immature est précisément que chaque contact évolue en fonction de son utilisation ou de sa non-utilisation. Certes, si « la fonction ne crée pas l'organe » (voir p. 97, « Le long cou des girafes »), tout au moins, le fonctionnement module ici la maturation fonctionnelle de l'organe. Il ne faudrait pas penser que la maturation consiste à créer de nouvelles aptitudes ; elle permet seulement de discriminer parmi un ensemble de possibles. Ces possibles s'inscrivent dans une enveloppe de potentialités autorisées par le génome.

Un exemple probant est donné par l'acquisition du langage. Le jeune moineau des marais (*Melaspiza gregaria*) peut émettre en moyenne treize syllabes musicales, tandis que vers dix mois les potentialités chutent, de sorte que l'adulte n'en émet plus que deux. Généralement les syllabes émises par l'adulte sont issues du répertoire initial spontané. Cependant, certaines syllabes étrangères au répertoire spontané (syllabes artificielles synthétisées par l'homme ou syllabes d'autres espèces) peuvent être imitées par les jeunes moineaux et incorporées au registre des deux syllabes de l'adulte. Néanmoins ces syllabes doivent respecter une certaine proximité avec les syllabes spontanées et s'inscrire dans l'enveloppe globale des aptitudes déterminées par le génome.

Ces caractéristiques de l'acquisition du chant sont en accord avec l'idée d'une maturation sélective, modulée par une expérience vécue (ici une imitation), mais s'inscrivant nécessairement dans un cadre imposé par le génome. L'acquisition du langage chez l'Homme, bien que beaucoup plus complexe, pourrait répondre à des mécanismes de base similaires. Les nouveau-nés appartenant aux diverses cultures émettent les mêmes et nombreuses syllabes. Les adultes, quant à eux, ne sont capables d'en émettre qu'un nombre bien inférieur. Certaines de leurs syllabes se révèlent typiques d'une famille linguistique. Le « ra » et le « la » des langues occidentales sont difficilement perçus par les Japonais adultes qui ne les utilisent pas (J.-P. Changeux).

L'épigenèse cérébrale orientée par le vécu est une stratégie élaborée par les espèces les plus évoluées. Elle permet une collecte de l'information environnante et une réponse plus subtiles, mieux singularisées. Au cours de l'évolution, le processus d'encéphalisation (processus de promotion de l'encéphale comme organe central de traitement de l'information) a toujours tendu à doter les espèces d'une meilleure représentation du monde. De la qualité de cette représentation dépend la rétroaction du vivant sur son environnement. Cette rétroaction peut aller dans les cas les plus extrêmes jusqu'à la construction de mondes nouveaux artificiels (monde technologique de l'*Homo sapiens*).

Cependant, la programmation génétique de l'ensemble des comportements, susceptibles d'être adaptés aux fluctuations des multiples paramètres du milieu, aurait nécessité une quantité démesurée de matériel génétique. Aussi, les systèmes vivants, au lieu d'accroître la programmation génétique de leur encéphale, ont opté pour une levée partielle de ce déterminisme. Seul un cadre d'aptitudes, une enveloppe globale de potentialités est codée. A l'intérieur de ce cadre, libre cours est laissé à l'individu pour structurer son cortex cérébral en fonction des particularités de son environnement, de son vécu. Cette part d'adaptabilité opère dans le champ des comportements, elle fait usage de l'imitation et de l'apprentissage. Elle est le nid, le ferment d'une structuration culturelle des sociétés.

La théorie de la stabilisation sélective pourrait laisser penser qu'il existe des réseaux interneuronaux préférables et qu'une « tête bien faite » dépend de la séquence des apprentissages. Faut-il aller jusqu'à voir ici le lieu des conditionnements idéologiques et des « manipulations » ? La théorie n'a certes pas cette prétention explicative. En fait, plusieurs vécus, installant des réseaux différents, peuvent conduire à un résultat fonctionnel identique. Des réseaux différents dans leur organisation locale peuvent conduire à un comportement global identique. Ceci revient à admettre qu'il existe une redondance fonctionnelle partielle. Cette redondance évite la fragilité à laquelle serait réduit un réseau qui ne contiendrait aucune synonymie et à l'intérieur duquel chaque altération ponctuelle altérerait le fonctionnement global.

Le vivant s'autorépare

Tous les êtres vivants sont capables de réparer des dommages causés à leurs structures, mais cela à des degrés divers. Cette autoréparation, comme les autres moyens de défense, est au service de l'intégrité biologique. Elle permet, soit le rajeunissement cyclique d'une structure, soit la restitution d'une partie de l'organisme perdue accidentellement. La réparation peut être mise en œuvre aux divers niveaux d'organisation : molécules, cellules, tissus ou organes.

Au niveau moléculaire, un exemple spectaculaire est donné par les stratégies de réparation de l'ADN. Il est probable qu'au cours de l'évolution, une pression de sélection drastique se soit exercée en vue de permettre la restauration de l'intégrité du matériel génétique occasionnellement endommagé. Les mécanismes de réparation sont encore peu connus mais l'un d'entre eux a pu être étudié expérimentalement chez les bactéries et il est probable qu'il existe de façon peu différente chez les cellules plus évoluées.

Sous l'action de rayonnements ultraviolets, deux motifs consécutifs de la molécule d'ADN peuvent se lier anormalement. Deux thymines se lient formant un « dimère de thymine » qui se comporte comme un seul motif. Non seulement ceci revient à la perte d'un motif, mais, de plus, la cellule est incapable de lire le motif « dimère de thymine ». La lésion de la molécule d'ADN fait perdre tout sens au message génétique, cette nouvelle conformation ne contient plus d'information. Elle est non informative. La cellule, incapable de recopier ce texte erroné, ne peut plus se reproduire.

En fait, la plupart des cellules sont capables de réparer un tel accident. La réparation peut avoir lieu à l'occasion de la réplication d'ADN qui précède la division de la cellule contenant l'erreur. Dans un premier temps une enzyme (*endonucléase*) repère le motif aberrant (ici le dimère de thymine) et incise le brin d'ADN à son voisinage. Dans un deuxième temps, une autre enzyme (*exonucléase*) hydrolyse digère le brin d'ADN porteur de l'erreur. Enfin, une troisième enzyme (*polymérase*) restitue la partie excisée en utilisant le brin opposé de la molécule d'ADN comme modèle. Le message génétique est ainsi rétabli dans son sens premier.

Devant l'importance de l'enjeu — il y va de leur propre reproduction —, les cellules ont élaboré un second mode de réparation de leur ADN. Lorsque la stratégie classique de réparation (exposée précédemment) est mise en défaut, soit qu'une lésion n'ait pas été reconnue, soit que les enzymes de réparation aient été submergées (?), une deuxième stratégie de type « sauve qui peut = SOS » est mise en œuvre au moment même de la reproduction de l'ADN lors de la division cellulaire. Ne tenant pas compte de la présence des bases modifiées, le système de reproduction de l'ADN incorpore des motifs au hasard en regard des motifs erronés. Il y a peu de chance pour que les motifs introduits soient bons et la plupart du temps le message génétique est altéré dans le brin nouvellement synthétisé. En optant pour ce sauvetage, la cellule peut poursuivre sa division, elle sauvegarde ainsi son aptitude à se reproduire, mais elle prend le risque de perdre son orthodoxie. Elle peut donner naissance à des cellules filles dissidentes. La réparation SOS peut conduire les cellules à fabriquer des molécules aberrantes ou à devenir cancéreuses.

Voyons quelques exemples, au niveau cellulaire, des facultés d'autoréparation du vivant.

Nos cellules nerveuses ne se renouvellent pas, ne se reproduisent pas. Cependant, elles possèdent un haut pouvoir de régénération de leurs prolongements cytoplasmiques (axone et dendrites). Cette aptitude apparaît comme une adaptation précieuse si l'on songe au parcours des axones jusqu'aux extrémités des membres (axones de plus de 1,20 m de long, de la moelle épinière aux orteils) et jusqu'aux zones les plus superficielles de notre peau ; ces parcours dans les régions les plus exposées les rendent particulièrement vulnérables aux divers traumatismes physiques.

Les cellules des glandes mammaires ont un curieux mode de sécrétion du lait. Les lipides synthétisés dans la cellule s'accumulent sous forme de globules graisseux à un pôle de la cellule jusqu'à ce que celle-ci s'ampute d'une partie d'elle-même expulsant ainsi sa production (elle *s'automérise*). De la sorte, cette cellule généreuse donne une partie d'elle-même. Le lait est ainsi riche en débris cellulaires très nourriciers. Rapidement la cellule cicatrise, répare sa membrane et poursuit son travail qui la conduira vers une nouvelle amputation suivie d'une nouvelle cicatrisation.

Les couches cellulaires les plus superficielles, les plus exposées de notre épiderme se déshydratent et s'usent tandis que les couches les plus profondes fabriquent sans relâche de nouvelles recrues destinées à occuper plus tard les avant-postes. De même, la muqueuse utérine se détruit et cicatrise à chaque cycle menstruel avant de s'épaissir en vue d'une gestation hypothétique. Ainsi, inlassablement dans l'organisme les structures se font, se défont et se refont.

Les processus de régénération peuvent toucher les organes entiers. L'ablation d'un organe pair, comme un rein, entraîne un développement compensateur (hypertrophie compensatrice) de l'organe jumeau (homologue) resté en place. La capacité fonctionnelle (ici, le débit de sang filtré) est ainsi sauvegardée. L'ablation partielle du foie, y compris chez l'Homme, est suivie d'une régénération. Bien que le régénérant ne respecte pas la forme des lobes initiaux, il restitue, en 5 à 6 mois, la masse initiale des tissus hépatiques (hyperplasie régénératrice). La capacité fonctionnelle est donc ici aussi restaurée.

Des régénérations de parties entières d'organismes sont très fréquentes dans tout le monde animal. Certains vers de terre sont capables de régénérer une tête (pharynx, ganglions nerveux, yeux) s'ils sont privés de leur région antérieure. Afin d'échapper à leurs prédateurs, les crabes abandonnent une patte et les étoiles de mer abandonnent un bras, si ces appendices sont saisis violemment. Ces animaux ne tardent pas ensuite à reconstruire cette partie manquante. De la même façon les lézards stressés abandonnent leur queue pour assurer leur fuite, puis ils la régénèrent. Cependant cette régénération n'est pas parfaite puisque les vertèbres initiales sont remplacées par un simple axe cartilagineux.

Les capacités à régénérer les membres s'amenuisent le long de l'échelle évolutive. Chez les Vertébrés, seule persiste la repousse des extrémités, de façon particulièrement spectaculaire chez les tritons et les salamandres. Après amputation d'un doigt ou d'un membre, quelques cellules des tissus proches de la plaie perdent leur spécialisation fonctionnelle. Les fibroblastes, les cellules musculaires et osseuses, retrouvent des potentialités embryonnaires, se multiplient et donnent naissance à un massif cellulaire qui sera le siège d'une nouvelle organisation (*néomorphogenèse*). Ces potentialités sont importantes chez les Amphibiens à queue (*Urodèles* : tritons, salamandres, etc.). Elles deviennent faibles chez les Amphibiens sans queue plus évolués (*Anoures* : grenouilles, etc.) et presque inexistantes chez les Mammifères. Jusqu'à ces dernières années, il était admis que les Mammifères étaient incapables de régénérer l'extrémité de leurs membres, il n'en est rien. La souris adulte peut régénérer l'extrémité de ses dernières phalanges selon le même mécanisme qui permet la repousse des membres du triton (J.-L. Revardel et F. Chebouki). Cette possibilité persiste même dans l'espèce humaine où l'enfant de moins de 12 ans peut récupérer l'extrémité de ses dernières phalanges coupées accidentellement.

L'idée de mort et le temps de vie

L'idée de mort doit être cernée par rapport à un niveau d'organisation. Nous pressentons qu'il serait illogique d'affirmer qu'un être n'est pas mort dans la mesure où certaines de ses cellules continuent à vivre, à se reproduire (dans les laboratoires). La mort est la mort d'une structure, d'une unité fonctionnelle. Cette structure, cette unité fonctionnelle doit être énoncée. Des cellules HeLa, prélevées sur une tumeur du col utérin, survivent depuis 1951 à leur donatrice. Conservées pour leur haut pouvoir de prolifération, elles peuplent maintenant de nombreux laboratoires dans le monde entier. Elles sont potentiellement immortelles à condition que les expérimentateurs prennent soin de les nourrir. Les cellules HeLa vivent, non leur donatrice. La mort est rupture de cohérence d'un système vivant, d'une structure. Elle est arrêt de son fonctionnement.

Les mécanismes qui conduisent à la mort sont indissociables des mécanismes vitaux.

La mort, si elle n'est pas accidentelle, est l'aboutissement inéluctable du vieillissement, lequel résulterait de deux mécanismes très différents. Le premier relève d'un déterminisme génétique : le vieillissement serait programmé comme nos autres caractères (notion de mort programmée). Le second est d'ordre fonctionnel : l'organisme accumulerait peu à peu des erreurs néfastes.

Existe-t-il une détermination génétique du vieillissement, un quantum de vie imparti à chaque individu, à chaque structure vivante ? Faut-il parler de durée de vie ou de vitesse de vie ? Au cours de la Première Guerre mondiale, Lecomte du Noüy ayant l'idée de mesurer la vitesse de cicatrisation des plaies, remarquait qu'il existe une véritable cinétique de vie. Cette vitesse de fonctionnement du vivant diminue avec l'âge. Un organisme âgé cicatrise moins vite qu'un organisme jeune. Pour lui, le temps cosmique, pris comme référentiel, passe plus vite en fin de vie qu'en début ; un organisme âgé accompli moins par unité de temps qu'un organisme jeune. De là, découle la notion de temps propre : à chacun son rythme, à chacun son temps. Aussi, plutôt que de parler de temps de vie pourquoi ne pas parler de quantité d'événements vécus ?

Chacune de nos cellules serait programmée pour effectuer un nombre limité de divisions. Les fibroblastes (cellules de notre derme, de nos tissus conjonctifs sécrétant le collagène), prélevés dans un embryon et cultivés *in vitro* au laboratoire, effectuent toujours une cinquantaine de divisions et meurent. Il existe donc un quota de divisions. Des fibroblastes prélevés cette fois chez l'adulte (et s'étant donc déjà divisés un certain nombre de fois) effectuent toujours moins de cinquante divisions en culture *in vitro*. Ils en effectuent de moins en moins au fur et à mesure que l'âge du donneur grandit. De nombreuses cellules du corps, celles qui se divisent rapidement (cellules de la peau, de la moelle osseuse, du thymus, de la rate, et du revêtement intestinal) se comportent comme les fibroblastes.

Le thymus, qui débute sa sénescence dès l'adolescence chez l'Homme, est l'un des premiers organes à devenir sénile, puis moribond vers 60 ans. Le ralentissement de son activité provoque une chute graduelle des défenses immunitaires et donc accroît la vulnérabilité. Sa sénescence serait également responsable d'autres caractères de la vieillesse comme le blanchissement des poils. On connaît des souris mutées (*Suell-Bagg*) dont l'hypophyse fonctionne mal, ce qui provoque leur mort prématurée à l'âge de quatre à six mois tandis que des souris normales vivent deux ans et demi. La relation de cause à effet n'est cependant pas directe. Des hormones hypophysaires injectées accroissent la longévité mais deviennent inefficaces si les souris sont privées chirurgicalement de leur thymus. C'est donc en définitive le thymus, activé par l'hypophyse, qui reste l'acteur principal de la lutte antivieillesse.

Toutes les cellules de l'organisme ne se multiplient pas autant que des fibroblastes. Plus une cellule est spécialisée et moins elle se divise. Les cellules nerveuses ne se reproduisent pas (ou très exceptionnellement) et le taux de renouvellement des cellules glandulaires (endocrines), musculaires et sensorielles est très faible. Il n'est pas pertinent dans leur cas d'exprimer le vieillissement par une limitation du taux de renouvellement. Ce qui est à craindre pour ces cellules, qui nous accompagnent fidèlement tout au long de notre vie, c'est la perte progressive des propriétés fonctionnelles. Avec l'âge ces cellules font de plus en plus d'erreurs.

Ces erreurs affectent les diverses étapes de la transcription de notre code génétique (ADN) en termes de messagers (ARNm), puis celles de la traduction de ces messagers en termes de protéines. En définitive, les cellules produisent des molécules fonctionnelles (enzymes) qui présentent des anomalies de structure les rendant moins efficaces ou non fonctionnelles. Les erreurs peuvent également affecter la copie de l'ADN au cours des divisions cellulaires. Avec l'âge, le nombre de cellules dissidentes, naissant erronées, s'accroît. Les cancers et aussi, de façon moins dramatique, les taches sur la peau, en témoignent. Ces taches (taches de rousseur, grains de beauté, taches brunes, taches cornées) sont autant de colonies cellulaires issues d'une cellule mère erronée. Notre système immunitaire, leurré de temps à autre, accumule de façon irréversible des erreurs qui le conduisent à fabriquer des auto-anticorps, *anticorps* dirigés contre notre propre organisme (voir p. 168, « Les défenseurs de l'organisme »). L'organisme vieillissant retourne de plus en plus ses propres moyens de défense contre lui-même.

La mort peut aussi s'inscrire dans un processus de rajeunissement, dans un cycle de vie.

Nos molécules ne sont pas éternelles, elles ont un temps de

vie. Cependant, la plupart meurent de mort provoquée, de destruction nécessaire au bon fonctionnement du système biologique dont elles font partie. L'*acétylcholine*, molécule assurant la commande nerveuse de nos muscles, est un neuromédiateur libéré à l'extrémité de l'axone des cellules nerveuses et allant stimuler les cellules musculaires. Une fois libérée, elle est irrémédiablement vouée à la destruction. Elle est lysée (détruite) en moins de quarante microsecondes par une enzyme (*acéthylcholinestérase*). Ce temps de vie est optimisé. Il est suffisamment long pour autoriser la stimulation de la fibre musculaire. Mais il doit être suffisamment court afin de permettre le retour rapide à un état de repos de la jonction intercellulaire. La destruction clôture un temps d'action, elle est la condition d'un retour à l'état antérieur de réactivité potentielle. Bien d'autres exemples pourraient être donnés. Les messagers (ARNm), envoyés par le noyau vers le cytoplasme d'une cellule en vue d'être traduits en protéines, n'ont qu'un temps de vie limité. Les uns ou les autres vivent de dix minutes à quatre heures puis ils sont activement détruits par des enzymes (*ribonucléases*). Cette destruction évite que les systèmes de synthèse des protéines soient monopolisés, saturés au bénéfice de quelques messagers. La destruction restaure la disponibilité des systèmes de synthèse des protéines.

A l'image des molécules, chaque catégorie cellulaire a un temps de vie propre adapté à sa fonction au sein de l'organisme. Nos hématies vivent sept jours et sont inlassablement remplacées par des hématies jeunes récemment programmées. Nos lymphocytes nous défendent une trentaine de jours avant de laisser le champ libre et d'autoriser ainsi la prolifération éventuelle d'une nouvelle population cellulaire adaptée à quelque autre agresseur.

Les morts cellulaires peuvent s'inscrire dans des schémas dynamiques, conduisant à des pertes nécessaires de structure. La digestion de la queue du têtard devenant grenouille est bien connue. Elle est l'exemple éclatant d'une mort cellulaire massive participant à l'accomplissement d'un plan d'organisation. D'autres exemples, plus subtils, existent. Au cours du développement embryonnaire chez les Amphibiens, les Reptiles, les Oiseaux et les Mammifères, l'extrémité des membres a tout d'abord la forme d'une palette. Les doigts ne se dissocient que secondairement grâce à la digestion active des espaces interdigitaux. Chez l'Homme, cette digestion débute entre la 3e et la 8e semaine de gestation. Chez l'Orvet (lézard sans pattes) la nécrose s'installe très tôt, entre le cinquième et le septième jour du développement de l'œuf, lorsque le membre n'est encore qu'au stade de bourgeon non régionalisé. La lyse gagne tout le bourgeon, l'Orvet naît sans membres. Cette mort au service de la naissance (la nécrose organogène) permet encore chez l'Homme la régression du bourgeon de la queue et des fentes des branchiales (vestiges de sa parenté avec les autres Mammifères et les Poissons). Elle permet aussi la différenciation des articulations qui sont initialement absentes dans les membres embryonnaires encore réduits à des axes cartilagineux.

A l'âge adulte, la destruction bénéfique de structures subsiste : remaniements osseux au cours de la croissance et au cours de la réparation des fractures, destruction de la muqueuse utérine vieillie à chaque cycle menstruel, digestion de tissus lésés lors de blessures ou de cellules mortes de vieillesse.

Les processus de mort sont indissociables des processus de vie, ils y participent. La mante religieuse dévore « son mâle » après l'accouplement. Les êtres morts nourrissent des êtres vivants. La minéralisation des cadavres, en autorisant le retour à l'inanimé, ressource les molécules nécessaires au renouvellement du vivant. Elle boucle le cycle inlassablement parcouru par la vie.

*

L'histoire biologique de l'individu est essentiellement déterminée par l'information génétique. Néanmoins, le programme de développement débute dans l'œuf en continuité du programme de développement des organismes parents, à tel point que les premières étapes de celui-là sont souvent sous contrôle du génome maternel.

Le programme de développement est en semi-liberté. L'individu, de proche en proche, se structure grâce à des relations intercellulaires souvent locales. Ces relations conduisent d'ordinaire à un être harmonieux mais elles peuvent être perturbées par des facteurs du milieu qui échappent au contrôle du code génétique. Le plus haut degré de liberté est concédé au système nerveux central. Celui-ci échappe aux limitations que lui imposerait un fonctionnement totalement automatisé. L'encéphale de l'Homme est le plus libre des encéphales, il module non seulement son fonctionnement mais aussi, plus fondamentalement, sa structure d'après son vécu.

Au-delà de son édification, chaque système vivant peut, dans une certaine mesure, réparer les dommages touchant l'intégrité de ses organes. Renouvelant ses structures vieillies et réparant ses structures accidentées, il s'assure ainsi une durée de vie.

7

Les uns et les autres

A un niveau d'organisation supérieur, les organismes répètent les mécanismes d'intégration au milieu et ceux d'antagonisme et de coopération déjà mis en œuvre par les molécules au sein des cellules et par les cellules au sein des organismes. Les organismes tendent à diversifier leur jeu.

L'évolution les rend aptes aux interactions entre espèces, aux changements de mode de vie, à la colonisation de milieux radicalement différents.

Un sac à gamètes

De nombreux crabes cachent sous leur queue repliée des glandes génitales qui ne leur appartiennent pas... Qui a bien pu abandonner ici son sac à gamètes ? Ce sac n'est ni plus ni moins qu'un petit crustacé adulte (du groupe des *Cirripèdes*), la *Sacculine*, capable de parasiter plusieurs espèces de crabes.

Le sac contient seulement un ovaire, deux testicules, une poche incubatrice pour les œufs et un ganglion nerveux peu élaboré. Le sac se termine par un pédoncule qui traverse la carapace du crabe et se fixe dans les tissus internes en un vaste réseau de

« racines » qui y puisent les éléments nutritifs. Il n'existe aucun organe des sens, ni appendices locomoteurs, ni appareil digestif avec bouche et anus, ni appareil circulatoire. Cependant, il s'agit bien d'un crustacé. Ce sac à gamètes est en effet issu d'une larve nageuse *Nauplius* bien connue et caractéristique du groupe des Crustacés.

Le chemin qui mène du stade larvaire Nauplius au sac est long et tourmenté. La larve Nauplius issue de l'œuf subit quatre mues avant de devenir une larve *Cypris* qui nage activement à la recherche de son hôte, sur lequel elle s'accroche à un poil grâce à une antenne transformée en pince. Là, elle débute une étonnante transformation. Son thorax, son abdomen avec les pattes qu'ils supportent et la carapace qui recouvre son dos se détachent. Ne reste plus, appendu à l'antenne-pince, qu'un sac enfermant pour l'essentiel le contenu de l'ancienne région céphalique. A l'occasion d'une nouvelle mue, l'animal-sac acquiert un dard qui lui permet de percer la carapace à la base d'un poil et de pénétrer à l'intérieur du crabe. La Sacculine alors réduite à une masse cellulaire informe se déplace lentement par des mouvements amiboïdes, chemine le long du tube digestif et achève ce voyage interne dans la région de la jonction entre thorax et abdomen où, là, elle digère la carapace et ressort à l'air libre. La masse cellulaire se différencie alors en un sac viscéral à l'extérieur du crabe et en un réseau racinaire à l'intérieur.

La Sacculine fait des économies. Elle a opté pour l'aventure du parasitisme. Elle fait économie des fonctions de locomotion et de vie de relation ; elle est immobile et se fait transporter. Elle fait économie des fonctions de capture des proies et de digestion ; elle puise ses nutriments dans les tissus de son hôte. Elle fait économie de la recherche du partenaire sexuel. La Sacculine dont nous venons de décrire le périple est une femelle. Elle est elle-même parasitée par un mâle nain (au stade Cypris) qui dégénère en un massif cellulaire réduit aux seules cellules reproductrices. Ce « testicule » a longtemps laissé penser que les Sacculines étaient hermaphrodites.

Souvent le crabe parasité ne peut plus mener sa vie de géniteur, il est castré par les intrus qui bloquent sa physiologie de la reproduction. Le soma (les cellules du corps) du crabe fonctionne pour le germen (lignée des cellules reproductrices) de la Sacculine.

On comprend la singularité des parasites en soulignant les différences de mode de vie qui les éloignent d'espèces pourtant proches parentes qui, elles, ont fait choix d'une vie autonome. De proches cousines des Sacculines, les *Pelas*, vivent fixées en mer sur un support et se nourrissent en filtrant l'eau. Passagères insouciantes des épaves, elles échouent parfois sur les rivages enserrant le cou de quelque bouteille jetée à la mer. Leur parenté avec la Sacculine est reconnue par des stades de vie caractéristiques du groupe, d'abord le stade larvaire Nauplius, puis plus spécifiquement, le stade larvaire Cypris.

Le parasitisme a souvent été choisi au cours de l'histoire des espèces. Par rapport aux formes cousines, menant une vie autonome, les parasites perdent les organes des sens, de la locomotion, de la digestion, de la respiration. Mais, ils acquièrent une morphologie et une physiologie propres à leur nouveau mode de vie : stylets et enzymes pour inciser et digérer les parois de l'hôte; crochets, harpons et ventouses pour se fixer; forme oblongue pour s'opposer aux mouvements des fluides (dans le tube digestif ou dans les vaisseaux), cuticule de protection contre les enzymes digestives de l'hôte, etc.

La vie parasitaire ne concerne pas seulement le parasite. L'histoire du parasite est indissociable de celle de l'hôte. L'ensemble parasite-hôte forme un système. Vu sous l'angle de la Sacculine seule, le parasitisme pourrait être pris pour une évolution simplificatrice, mais vu sous l'angle du système Sacculine-crabe, il s'agit d'une complexification qui opère un changement de niveau. Le niveau pertinent n'est plus un système d'organes : l'organisme, mais un système d'organismes : le complexe hôte-parasite.

Évoluer de concert

Le parasitisme n'est qu'un des types de relation qui existent entre individus d'espèces différentes. Il est des associations où aucun des partenaires n'a à pâtir de l'autre et où, au contraire, tous deux tirent bénéfice. C'est le cas de l'association, devenue légendaire, entre Sauges ou Orchidées et insectes pollinisateurs. Les organes mâles et femelles de la Sauge de nos jardins murissent successivement. Le nectar sécrété par des glandes au fond de la corolle attire les insectes qui, en venant le récolter, se heurtent contre la base du filet supportant les étamines chargées de pollen. Le filet bascule de sorte que le dos de l'insecte se trouve saupoudré de pollen. Chez les fleurs plus âgées, l'organe femelle est totalement développé, l'extrémité du style, allongé et recourbé, se trouve sur le chemin de l'insecte qui, s'il a déjà visité une fleur au stade mâle, y abandonne du pollen. Les grains de pollen germent et les cellules mâles qu'ils libèrent dans l'organe femelle fécondent les cellules reproductrices femelles.

Ce type d'adaptation entre l'anatomie d'une fleur et le comportement de l'insecte devient spectaculaire chez les Orchidées où la pollinisation est parfois l'exclusivité d'une seule espèce d'insecte. La biologie de la reproduction chez ces plantes est très sophistiquée. Dans leur site naturel tropical, il suffit que la fleur soit visitée par l'insecte, vecteur du pollen fécondant, pour que ses attraits, maintenant récompensés, se flétrissent. Ces demoiselles deviennent alors le lieu d'une intense activité : production d'ovules, fécondation, formation des graines. Elles portent fruit, elles mûrissent. Dans nos appartements, nous devons à l'attente inassouvie de ces délicates beautés de pouvoir les admirer des jours, voire des semaines.

Sauges ou Orchidées et insectes pollinisateurs ont coévolué. Ils ont évolué de concert ; l'un et l'autre étant éléments du milieu, l'un étant élément de pression sélective vis-à-vis du génome de l'autre et vice versa.

Les relations interspécifiques, qu'elles soient de type hôte-parasite telles celles illustrées par la Sacculine et le crabe ou par le Trypanosome et l'Homme (voir p. 181, « Une rude épreuve »), ou qu'elles soient de type « association à bénéfice réciproque » (*symbiose*) telles celles entre les insectes et les Orchidées, résultent d'une coévolution. La valeur adaptative du patrimoine d'une des deux espèces ne peut être comprise qu'en tenant compte de celle de l'autre espèce. Au cours de leur histoire commune, les variations du patrimoine de l'une devront sans cesse faire écho, de façon adaptée, aux variations du patrimoine de l'autre, de telle sorte qu'un nouvel équilibre inter-spécifique soit possible.

Un même problème, une même invention

Les *Céphalopodes* : poulpes, calmars et seiches, nous sont en quelques points similaires. Ces mollusques occupent, comme nous, le sommet d'une branche de l'évolution et possèdent, comme nous, un cerveau étonnamment développé. Ils réalisent une centralisation des informations sensorielles et des commandes nerveuses qui est en accord avec les exigences de perception et de rapidité d'intervention de leur vie prédatrice. Comme les Vertébrés, ils ont su protéger leur système nerveux central dans une boîte crânienne. L'acquisition la plus surprenante de ces animaux est un œil comparable dans son plan d'organisation à celui des Vertébrés : cornée, iris, cristallin, rétine, chambre antérieure et humeur vitrée.

Ces yeux ont été inventés bien après la séparation phylogénétique des deux groupes. Aussi, il est généralement admis que les yeux des Céphalopodes et ceux des Vertébrés ont été générés indépendamment mais sous l'effet d'une même pression sélective (de mêmes exigences fonctionnelles). Chacun des deux programmes génétiques aurait été contraint de se structurer de façon à exprimer des phénotypes comparables, adaptés à la résolution d'une même problématique.

Néanmoins, la question d'une parenté génétique possible entre l'œil des Céphalopodes et celui des Vertébrés n'est pas tranchée. En effet, la découverte récente des gènes à homéobox, gouvernant les plans d'organisation, autorise à émettre l'hypothèse d'une origine génétique commune de ces yeux. On sait maintenant que les gènes à homéobox ont une origine très ancienne et que ceux gouvernant par exemple l'organisation d'une mouche et d'un Mammifère ne sont pas étrangers les uns aux autres, ils se ressemblent et pourraient bien dériver de gènes ancestraux communs (voir p. 131, « Un programme de développement »).

Dans d'autres cas, l'acquisition d'une même invention par plusieurs groupes zoologiques pourrait être due à un transport de matériel génétique. Ainsi, à la fin du Précambrien, les coraux, Mollusques, Arthropodes et Échinodermes ont tous acquis la même faculté de former des dépôts de cristaux de phosphates dans leurs tissus (coquilles, carapaces, etc.). Cette aptitude aurait été acquise lors du transfert par un virus de l'information codant pour une phosphatase. Un tel transfert est connu chez les bactéries où un virus peut transporter du matériel génétique d'une bactérie infectée à une autre bactérie. Cependant, la taille du fragment de matériel génétique que peut transporter le virus reste petite.

Dans la nature une même nécessité peut conduire à une analogie de solutions : solutions parfois mises en place avec des matériaux (origines tissulaires) très différents dans des groupes zoologiques éloignés l'un de l'autre. De telles analogies sont multiples. L'adaptation à la nage a doté de la même forme aérodynamique le corps des Poissons, des Reptiles marins de l'aire secondaire (*Ichthyosaures* du Jurassique), et celui des Mammifères marins (retournés à la mer) à partir de formes ancestrales terrestres. L'adaptation à la vie fouisseuse a conduit courtilière et taupe (Insecte et Mammifère) à inventer une même forme de patte pelleteuse d'une efficacité redoutable. La trompe des papillons, le bec de l'oiseau-mouche, la langue des chauves-souris nectarivores sont également longs et effilés au service d'une même cueillette du nectar.

Être l'autre

Le mimétisme permet aux animaux de se dissimuler. Il est également utilisé par les proies et les prédateurs. Les uns ont avantage à déjouer une attaque, les autres ont au contraire avantage à la masquer. Bien que la valeur protectrice d'une telle dissimulation reste contestée, il est clair qu'elle établit tout au moins un équilibre écologique entre les proies et les prédateurs. Dans la nature, prédateurs et proies ont droit de vie

Pour que deux espèces établissent une relation de mimétisme, il est nécessaire qu'elles habitent la même aire géographique et vivent en contiguïté. Le mimé devient en quelque sorte un élément du décor, un facteur de pression sélective pour le mimant, et ceci au même titre que tout autre paramètre du milieu. Pour cette raison, le mimé peut être ou non du « vivant ». Il existe des « insectes-feuilles », des « insectes-branches » (phasmes, chenilles, papillons) qui se protègent ainsi des oiseaux. Il existe aussi des « plantes-cailloux » (*Lithops* d'Afrique du Sud) qui imitent la forme et la couleur des galets et se ratatinent en période sèche, devenant particulièrement invisibles pour les herbivores en quête d'une végétation rare.

L'animal peut se cacher dans une homochromie avec le milieu, que celle-ci soit permanente, saisonnière ou transitoire. Il naît des *Phalènes des bouleaux noirs* et d'autres blancs. Ces papillons sont les uns protégés des oiseaux prédateurs par les écorces sombres, les autres par les écorces claires. Les rainettes vertes naissent et demeurent vertes. Par contre, les lièvres et les lagopèdes dits « variables » sont blancs en hiver, tandis que l'été, des enzymes, activées par la température plus élevée, permettent la fabrication de pigments sombres.

Les limandes, les turbots, les caméléons, certaines grenouilles changent instantanément de couleur en fonction de celle du substrat. Des pigments, localisés dans des cellules spécialisées de leur peau (*chromatophores*), se dispersent (assombrissement) ou se regroupent (éclaircissement) sous l'effet d'une régulation nerveuse ou hormonale. La régulation est elle-même induite par la perception oculaire de l'éclairement du substrat.

Le fait de mimer une autre espèce constitue une supercherie de la nature ; soit qu'elle ait valeur de masque (un masque cache), soit qu'elle ait valeur de leurre (un leurre est exhibé). Des serpents cachent leur vulnérabilité et dissuadent les oiseaux prédateurs en s'habillant d'une robe imitant celle d'une espèce pourvue d'un venin redouté.

Au sein du groupe des Insectes Coléoptères, certaines espèces ressemblent à s'y méprendre à d'autres espèces capables de repousser les oiseaux par les odeurs nauséabondes qu'ils libèrent.

La moule d'eau douce (*Lampsilis ventricosa*) s'est dotée d'un leurre particulièrement sophistiqué et imitant à merveille un petit poisson. Gould a élégamment expliqué comment ce leurre aurait été fabriqué à partir d'organes (poche incubatrice et manteau) déjà présents dans les espèces ancestrales mais suffisamment disponibles pour subir, au moins localement (partiellement), un transfert de fonction (voir cette notion p. 76, « De la mastication à l'audition »). Ce faux poisson est visible entre les valves entrouvertes de la moule. Les poissons mis en confiance, leurrés par ce faux frère, n'hésitent pas à passer à proximité. La moule en profite pour chasser de sa poche incubatrice quelques larves-moules, dont certaines parviennent à se fixer sur les branchies des poissons et à s'y développer.

C'est aussi un petit poisson que la Baudroie a fabriqué à l'aide d'un fragment de nageoire dorsale. Ce leurre, rattaché à la nageoire par un fin filament peaucier, est exhibé et animé au-dessus du museau de telle sorte qu'il sert d'appât aux proies de ce pêcheur à la ligne.

Être, puis être autre : la métamorphose

Les métamorphoses qui nous sont les plus familières, celles des insectes, ont frappé de tout temps l'imagination. Le papillon renaissant de la prison-chrysalide est devenu le symbole de la liberté, de la résurrection. Les enfants des camps d'Auchwitz dessinaient des papillons sur les murs des baraquements. Les enfants espèrent toujours (Elizabeth Kübler-Ross).

La métamorphose est un passage dans une autre conformation morphologique, mais aussi dans un autre état physiologique. La métamorphose autorise le changement de mode de vie. Le vivant a su installer, au cours d'une histoire individuelle, une période de crise qui permet le changement radical de mode de vie. La métamorphose permet l'adaptation successive à deux possibles, à deux milieux très différents.

La métamorphose des insectes supérieurs (mouches, moustiques et papillons) est accompagnée de remaniements tissulaires profonds. De nombreux tissus de l'asticot, de la chenille, sont lysés, tandis que d'autres, restés au contraire en repos jusqu'alors, donnent naissance à des organes inédits. Les ailes, en particulier, naissent de massifs cellulaires (les disques *imaginaux*) restés au repos chez la larve.

Ainsi, ces insectes peuvent être considérés comme des mosaïques construites à partir de deux stocks cellulaires, l'un donnant l'organisation pendant la vie larvaire, l'autre donnant l'adulte (l'*imago*, l'image). A la métamorphose, un nouveau plan de vie — anatomie, physiologie et comportement — supplante l'ancien. La chenille marcheuse, croqueuse de feuilles, devient papillon papillonnant, lécheur de nectar.

Chez le têtard de grenouille comme chez la larve d'insecte, la métamorphose s'installe à la faveur de la digestion d'organes larvaires et du développement de cellules jusqu'alors en sommeil. L'acquisition d'un tube digestif carnivore chez la grenouille se fait grâce au réveil de cellules logées dans la paroi du tube digestif herbivore du têtard. La perte de la queue et des branchies, le gain de pattes et de poumons, la transformation du long tube digestif herbivore en tube digestif carnivore, le remplacement des pigments rétiniens (la porphyropsine est remplacée par la rhodopsine) permettent au têtard devenant grenouille de quitter la mare pour la terre ferme.

Toute métamorphose nécessite — ou prépare ? — une migration.

Être là, puis ailleurs : la migration

La signification biologique des grandes migrations des poissons et des oiseaux semble se perdre dans la nuit des temps. Les espèces migratrices viendraient se reproduire sur d'anciens lieux de vie. Leur physiologie de la reproduction resterait tributaire de ce premier milieu. Ce sont les évolutions climatiques de grande ampleur, survenant au cours des âges géologiques, qui les auraient contraintes à entreprendre des déplacements vers des aires plus propices à la quête de la nourriture.

Les déplacements d'un milieu à un autre soumettent les organismes à de rudes épreuves, à de délicats problèmes d'adaptation. Comme tout caractère d'une espèce, l'aptitude à migrer a été sélectionnée sous influence d'un milieu changeant plus ou moins soudainement et de façon saisonnière. L'aptitude se traduit par des modifications profondes que subissent les animaux à un moment de l'année, à un moment de leur vie. Les modifications sont régentées par le jeu d'horloges biologiques internes. A l'« heure dite » (à l'heure propre à cette espèce), un bouleversement physiologique endogène installe une inadéquation entre l'animal et son milieu de vie. Le séjour dans ce milieu devient impossible, l'animal doit partir ailleurs poursuivre l'aventure de sa vie.

Les saumons qui, de la mer, viennent pondre dans les rivières, doivent avoir intériorisé l'aptitude à changer ; aptitude qui rend possible (nécessaire ?) le déplacement. L'éclosion des jeunes saumons (les *parrs*) a lieu à la fin de l'hiver. Au cours de leur croissance, qui dure de un à six ans, ceux-ci chassent à l'affût puis subissent une métamorphose qui les transforme en *smolls*. Cette nouvelle version de saumons présente une hypoactivité thyroïdienne, tandis qu'au niveau de leurs branchies apparaissent des cellules capables de rejeter les sels de l'organisme dans l'eau environnante. Cette nouveauté est désavantageuse en eau douce tandis qu'elle serait avantageuse en milieu marin où l'animal est sans cesse traversé par de l'eau chargée de sels. Cette préadaptation au milieu marin provoque une déminéralisation du poisson qui ne tarde pas à rechercher les eaux salines. Les smolls gagnent alors la mer. Après plusieurs années de vie marine, la maturité sexuelle inverse à nouveau l'équilibre hormonal et le métabolisme des sels. Le saumon re-cherche alors des eaux plus douces où il revient se reproduire.

Une migration recèle toujours un bouleversement physiologique, une métamorphose.

Histoire de l'individu et histoire de l'espèce

La sortie des eaux, réussie par les Amphibiens, peut être envisagée à deux niveaux temporels différents. Elle s'opère au cours de l'histoire de l'individu entre têtard et adulte, elle s'opère au cours de l'histoire des groupes zoologiques entre Poissons et Reptiles. Ainsi, les métamorphoses nous questionnent au lieu de rencontre des concepts d'ontogenèse (histoire de l'individu) et de phylogenèse (histoire des espèces). L'exemple des Amphibiens, bien que démonstratif, n'en est pas pour autant unique.

Chez la lamproie, l'un des premiers Vertébrés, la larve (l'Ammocète) ressemble fortement à l'Amphioxus, ancêtre (?) lointain des Vertébrés (voir p. 70, « Corde et colonne »). Par contre, l'adulte acquiert des caractères nouveaux qui permettent de classer cette espèce dans le groupe des Poissons.

L'espèce humaine ne fait pas exception au jeu de l'espace, du temps et de l'instant. Après une vie aquatique, où les fentes branchiales, vestiges de la parenté avec les Poissons disparaissent, l'embryon humain effectue « sa migration », « sa métamorphose ». A sa naissance, de puissants bouleversements modifient son anatomie, sa physiologie et son comportement.

En particulier, l'appareil cardiovasculaire était resté partiellement cloisonné, pendant la vie fœtale, comme celui des Amphibiens et des Reptiles adultes. A la naissance, les derniers shunts qui faisaient encore communiquer les deux réseaux droit et gauche se trouvent définitivement obstrués. Ces modifications s'installent dans les minutes qui suivent la naissance, le cloisonnement des deux réseaux est total au bout de quelques jours. Des hématies, chargées d'hémoglobine fœtale (apte à fonctionner à la faible pression en O_2 du sang fœtal), disparaissent tandis que s'installe en quelques jours une suprématie de variantes « adultes » de la molécule d'hémoglobine. Le poumon, le tube digestif, les reins débutent un fonctionnement au service de l'autonomie du nouveau-né, maintenant découplé de l'organisme maternel. Les organes des sens découvrent, après le monde « marin » utérin, un nouveau monde aérien.

De la ressemblance, chez des espèces évoluées, de formes embryonnaires avec des adultes d'espèces ancestrales, Ernst Haeckel avait conclu que l'ontogenèse d'un individu est en quelque sorte une récapitulation de la phylogénie de son espèce : « En résumé, l'histoire de l'évolution individuelle ou l'ontogénie est une répétition abrégée, rapide, une récapitulation de l'histoire évolutive, paléontologique ou de la phylogénie conformément aux lois de l'hérédité et de l'adaptation au milieu. »

Un embryon humain possède une queue comme la plupart des autres Mammifères, des fentes branchiales rappelant la vie aquatique des Poissons, une corde comme les Chordés. Plus précocement encore, il passe par le stade morula qui n'est pas sans rappeler la sphère des Volvox (voir p. 51, « Cellules sœurs ») et il débute son développement au stade de l'œuf unicellulaire ; état dans lequel persiste l'amibe et ses ancêtres, les premières cellules de la soupe primitive.

Concevoir l'histoire individuelle comme modèle abrégé de l'histoire des espèces c'est avoir le mérite de constater que restent encore présents, chez l'individu, des témoins de l'histoire de son espèce, mais c'est ne pas expliciter les remaniements qui s'opèrent d'une histoire individuelle à l'autre et selon lesquels l'adulte d'une espèce est différent de l'adulte d'une espèce antécédente (ancestrale).

D'une espèce à l'autre, au sein de l'arbre généalogique, l'ontogenèse subit des bifurcations, des simplifications, des complexifications. Ces variations créent la diversité naissante, la naissance des espèces différentes.

Chaque nouveauté n'exclut pas un fond de permanence. A quelques avatars près, à quelques événements près, la nouvelle espèce reproduit l'ontogenèse de l'espèce ancestrale. Même si, au fur et à mesure de l'évolution des espèces, les modifications s'ajoutent, se combinent, il n'en demeure pas moins que restent toujours discernables des phases non négligeables de l'histoire individuelle qui avaient cours chez les espèces ancestrales. Ces traits, dans leur persistance, deviennent des témoins de la parenté des espèces. Mieux vaudrait dire que la phylogenèse émerge des avatars de la programmation génétique de l'ontogenèse. Ce qui varie est bien ici l'information génétique gouvernant les événements du développement (embryonnaire en premier lieu) de l'individu.

Quatre figures de variation sont particulièrement démonstratives.

1. Plusieurs espèces peuvent passer par des stades embryonnaires précoces identiques, puis une divergence (*déviation*) des étapes suivantes conduit à des adultes notablement différents. Nous avons déjà rencontré les Crustacés, Sacculine et Pelas, d'anatomie et de vie très singulières mais cependant issus d'un stade larvaire Cypris identique.
2. Une structure présente chez une espèce ancestrale peut ne pas être conservée (*réduction*) chez l'adulte de l'espèce plus moderne. La corde présente chez les Chordés disparaît au cours du développement embryonnaire des Vertébrés au bénéfice de la construction d'une colonne vertébrale. Les fentes branchiales, typiques de la respiration aquatique des Poissons, régressent chez l'embryon de Mammifère. Il en est de même de la queue généralement présente chez les Mammifères, présente aux stades précoces du développement humain mais absente chez le nouveau-né.
3. Un caractère seulement présent chez l'embryon de l'espèce ancestrale peut persister chez l'adulte d'une espèce plus moderne. Par rapport aux grands singes, l'espèce humaine s'est fœtalisée (*poedomorphose*). La curiosité des jeunes primates persiste chez l'homme adulte. L'homme moderne, peut-on dire, s'éternise dans l'immaturité du jeune singe ; cela lui vaut son esprit créatif et inventif. L'homme adulte reste un grand joueur.

4. Dans certains cas, l'adjonction d'un caractère nouveau ne persiste pas, elle permet de résoudre un problème temporaire (*Caenogenèse*). Il en est ainsi des annexes embryonnaires des Mammifères (placenta, etc.) qui rendent possible la vie intra-utérine mais que les espèces ancestrales non gestantes ne possèdent pas et que l'adulte de Mammifère abandonne.

*

Les relations interspécifiques illustrent le fait que l'évolution biologique ne s'achève pas à l'invention d'individus enfermés dans un niveau d'organisation. Ceux-ci peuvent devenir eux-mêmes éléments d'un niveau supérieur.

De même, les métamorphoses, les migrations, révèlent qu'un individu n'est pas obligatoirement confiné pour la vie à un mode de vie, à un lieu.

Ces événements de l'histoire de l'individu sont indissociables de ceux de l'histoire de la sélection des espèces. Les uns et les autres sont inéluctablement liés dans l'instant où se joue la détermination du patrimoine génétique des cellules sexuelles, patrimoine qui gouvernera le nouvel individu.

Cet individu sera soit un rejeton orthodoxe de son espèce, soit un mutant, porteur d'une mutation le différenciant de son espèce. Mais en tant que mutant il sera le représentant d'une nouvelle possibilité du génome qui, dans le meilleur des cas, sera la porte ouverte à l'invention d'une nouvelle espèce.

Ce que l'espèce est, ce que l'individu est, ils le resteront pour un temps, leur temps propre de vie, le temps où l'harmonie (l'homéostasie) avec le milieu sera préservée. Espèces et individus sont sur le chemin de la vie comme relais pour d'autres espèces ou pour d'autres individus qui bientôt les supplanteront ou les remplaceront.

8

Le soi et le non-soi

A tout moment de l'histoire individuelle ou de celle des espèces, les organismes restent la cible d'agents pathogènes, de parasites, de substances toxiques qui sont autant d'éléments « étrangers » susceptibles de causer quelque désordre dans cet ordre élaboré au cours du jeu millénaire entre le génome et la pression sélective du milieu.

Pour lutter contre la nocivité du milieu, les organismes se sont dotés de divers moyens. Certains sont non spécifiques et permettent, en particulier par la réaction inflammatoire, de réparer aussi bien une contusion, une plaie, une brûlure ou une blessure occasionnée par un produit chimique. Bien que faisant intervenir certains acteurs du système immunitaire, ces moyens dépendent largement des réactions des tissus et des vaisseaux lésés. D'autres sont spécifiquement orientés vers des molécules biologiques étrangères qui, si elles étaient libres de séjourner dans l'organisme, interféreraient avec le fonctionnement des molécules propres à celui-ci. Ce deuxième type de défense est strictement réservé au système immunitaire.

Le système immunitaire (*immunis* = exempt = exempt de maladie), comme les autres acquisitions du vivant, s'est de plus en plus complexifié pour devenir hautement sophistiqué chez les Mammifères et en particulier chez l'Homme. A tout instant, ce système tente de discerner le « soi » du « non soi » (le *self* du *non self*).

Les défenseurs de l'organisme

Le système immunitaire dispose d'un réseau de canaux mettant en relation des cryptes, des cavernes, des tissus réticulés (thymus, rate, ganglions lympathiques, etc.). Dans l'un ou l'autre de ces lieux, les cellules responsables de notre défense naissent, s'y reproduisent, y mènent des conciliabules, y coopèrent, se transmettent des messages, y acquièrent leur maturité. C'est au cours des allées et venues d'un ballet incessant et fascinant qu'elles élaborent la stratégie (les multiples stratégies) de la défense de notre intégrité.

Cette histoire commence très tôt pour chaque individu. Mais, les préparatifs dans les coulisses sont longs avant que les acteurs, fardés de leurs singularités, n'entrent en scène. Au cours de notre vie, toutes les cellules immunitaires (comme d'ailleurs toutes les cellules sanguines, hématies comprises) se différencient peu à peu les unes des autres.

La différenciation cellulaire qui s'opère dans le temps de vie de chaque être est toujours délicate à imaginer pour le non-spécialiste. En fait, elle mime l'évolution qui a permis l'émergence d'une multiplicité de types cellulaires dans la soupe primitive. Au cours des divisions cellulaires successives — de cellules mères en cellules filles —, les différences fonctionnelles s'expriment, s'affinent. A l'extrémité des lignées apparaissent des cellules compétentes, matures, hautement spécialisées.

Dans un organisme, toutes les cellules sanguines dérivent d'un seul type de cellules primordiales (cellules ancestrales). Chez l'embryon des Mammifères, les futures hématies encore immatures (*erythroblastes*) sont les premières cellules sanguines à naître de ces ancêtres (*hémocytoblastes*). Elles voient le jour au niveau d'une vésicule *(vésicule ombilicale)* qui n'existe que chez l'embryon. Cette vésicule correspond à ce que nous appelons chez les oiseaux le « jaune d'œuf » (*vésicule vitelline*), qui fait chez eux usage d'énorme réservoir nutritionnel.

Chez l'Homme, vers trois mois de vie intra-utérine, la plupart des organes étant formés, les lignées sanguines (rouge et blanche) prennent souche et se différencient dans les tissus réticulés du foie, de la rate et du thymus (ce dernier régresse à partir de cinq mois de vie intra-utérine et devient rudimentaire chez l'adulte).

A partir du cinquième mois de vie fœtale et après la naissance, les cellules sanguines prennent surtout naissance dans la moelle osseuse et en particulier dans le sternum. Les globules blancs (*leucocytes*) poursuivent bon nombre de leurs transformations dans la rate et les ganglions lymphatiques qui sont des organes cryptiques dans lesquels les cellules pénètrent par les vaisseaux lymphatiques. A l'entrée, des cellules sentinelles identifient les cellules visiteuses qui doivent montrer patte blanche. Dès lors la vigilance est de règle. Tout va se jouer en termes de cartes de visite, de marqueurs moléculaires fichés dans la membrane des cellules.

La stratégie de la lignée blanche éclate dans toute sa singularité si on la compare un instant à celle de la lignée rouge, sa compagne.

La lignée rouge, dont l'accès aux canaux lymphatiques est interdit, ne participe pas aux mécanismes de défense. Toutes les hématies (25 000 milliards environ chez un homme adulte) ont le même rôle de transport des gaz respiratoires. Leur stratégie est celle du nombre, du quantitatif. Leur fonctionnement est irrémédiablement déterminé, à tel point qu'une fois les ordres distribués à leurs organites sous forme d'ARN messagers, elles sont autorisées à expulser leur noyau contenant précisément l'information centrale (noyau qui sera bientôt digéré par les cellules éboueurs). Dès lors, et durant les 7 jours qui leur restent à survivre, elles n'ont d'autre recours que de fonctionner en aveugle, au service de l'organisme qui les a fait naître et ceci sans aucune possibilité d'envoyer une information remontante vers leur unité gouvernante expulsée.

La stratégie de la lignée blanche est tout autre que celle de la lignée rouge. Elle est celle de la pluralité. Nous lui devons la surveillance de notre intégrité. Les blancs, contrairement aux rouges, n'en finissent pas de former des groupes et des sous-groupes les conduisant à une véritable promotion de l'individualisme. Cette diversification à outrance est une préadaptation à la parade de toute attaque. Cette présomption de répondre à la multiplicité qualitative potentielle des attaques nous semble une gageure.

Les leucocytes, beaucoup moins nombreux que les hématies, (environ 750 fois moins) n'hésitent cependant pas à se distribuer en trois sous-lignées blanches aux fonctions bien distinctes : les *monocytes*, les *granulocytes* et les *lymphocytes*. Les monocytes (grandes cellules) ne sont que de passage dans le sang, traversent la paroi des capillaires et regagnent les liquides interstitiels, entre les cellules des divers tissus et en particulier dans le derme de la peau. Là, ils se transforment en macrophages (cellule mature, adulte) aptes à englober (phagocyter) aussi bien les débris de cellules lésées que des corps étrangers : des intrus appelés *antigènes*. Les granulocytes (nommés autrefois polynucléaires) sont spécialisés en particulier dans la digestion des bactéries.

Les lymphocytes, qui ont un temps de vie de quelques jours à quelques années, sont spécialisés par excellence dans la défense immunitaire. Ils naissent dans la moelle osseuse et circulent aussi bien dans les vaisseaux sanguins que lymphatiques. Deux types de lymphocytes, les B et les T, se distribuent les tâches.

Les lymphocytes B deviennent matures chez les Mammifères dans la moelle osseuse (b*one marrow*) et dans la rate ou dans la B*ourse de Fabricus* chez les Oiseaux, chez lesquels ils ont été initialement découverts. Ils sont précurseurs de cellules (les *plasmocytes*) productrices d'anticorps. Les anticorps (anti « corps étrangers») reconnaissent spécifiquement les corps étrangers (les antigènes) pénétrant de façon impromptue dans l'organisme et neutralisent leurs effets néfastes.

La maturation des lymphocytes T dépend d'un séjour dans le *thymus*. Ils représentent toute une panoplie de cellules immunitaires se distribuant une grande diversité de rôles :

1. les cellules dites « helper », qui aident à la réponse immunologique de certains lymphocytes B (sécréteurs d'anticorps) ; ou qui régulent la réponse des lymphocytes T tueurs ;
2. les cellules cytotoxiques : tueuses de cellules ;
3. les cellules dites « suppresseurs » qui freinent la réponse d'autres lymphocytes (en cas de risque d'une réponse exagérée de ceux-ci).

L'activité diversifiée de ces types cellulaires est due à la sécrétion d'une grande variété de substances dites *lymphokines* régulant l'activité d'autres cellules (appartenant en premier lieu au système immunitaire).

La lutte contre les intrus

Le jeu de l'évolution conduit à la sélection d'organismes cohérents au sein desquels chaque organe, chaque cellule, chaque molécule a sa fonction propre. Cette fonction n'a cependant de sens qu'intégrée à l'ensemble du réseau d'interactions physiologiques. Une molécule étrangère à l'histoire phylétique d'un organisme (histoire ayant conduit à l'espèce à laquelle appartient cet organisme) a peu de chances d'être acceptée comme nouvelle arrivante sans causer quelque désordre. Les stratégies de défense contre ces molécules étrangères consistent à leur opposer des molécules capables de les reconnaître, de les intercepter et de neutraliser ainsi leur éventuel effet toxique. Ces molécules de défense, appelées anticorps, sont des *immunoglobulines* (protéines globuleuses du sérum sanguin) dont la fabrication par l'organisme est commandée, à la demande, à chaque pénétration d'un corps étranger (antigène). Un antigène est une grosse molécule organique ou, au sens large, une particule organique (cellule, bactérie, virus) présentant à sa surface un motif moléculaire (déterminant antigénique) susceptible de provoquer une réponse immunologique chez un organisme. Dans le cas où cette réponse est la synthèse de molécules-anticorps, celles-ci peuvent réagir spécifiquement avec des molécules-antigènes identiques à celles qui ont précisément induit la synthèse.

L'antigène et l'anticorps correspondant possèdent une haute complémentarité de forme l'un pour l'autre, l'antigène se comportant en clef et l'anticorps en serrure. Selon le contexte, l'emboîtement des deux molécules n'a pas le même effet. Soit la clef, en s'enclenchant dans la serrure, ouvre une série de réactions immunologiques, soit la serrure, en entourant la clef, bloque sa réactivité, neutralise sa toxicité.

Les anticorps, en forme de Y, sont en fait bivalents. Ils possèdent deux sites de reconnaissance du motif de l'antigène, l'un à chaque extrémité des deux bras du Y.

Pour ce qui est des antigènes, le même motif antigénique peut être présent à plusieurs exemplaires à la surface d'une particule étrangère, comme c'est souvent le cas à la surface des bactéries infectieuses. Un même anticorps (parce qu'il est bivalent) peut ainsi crocheter à la fois deux molécules supportant le même motif antigénique. Enfin, des molécules antigéniques peuvent être tapissées de motifs différents les uns des autres qui seront alors reconnus par autant d'anticorps différents. Toutes ces raisons font que la mise en contact d'anticorps et d'antigènes provoque la formation de réseaux, d'amas, semblables à ce qui arriverait en brassant des hameçons doubles avec des pelotes de laine bouclette. Les antigènes, alors masqués dans ce méli-mélo, ne peuvent guère exprimer leurs particularités, y compris — pour ce qui nous intéresse ici — leur éventuelle toxicité.

Parfois, l'anticorps, ayant fixé l'antigène, pose ses pieds (la base du Y) sur une cellule phagocytaire, lui offrant ainsi l'antigène capturé. La cellule ingère alors l'antigène intrus et le digère.

SCHÉMA D'UN ANTICORPS

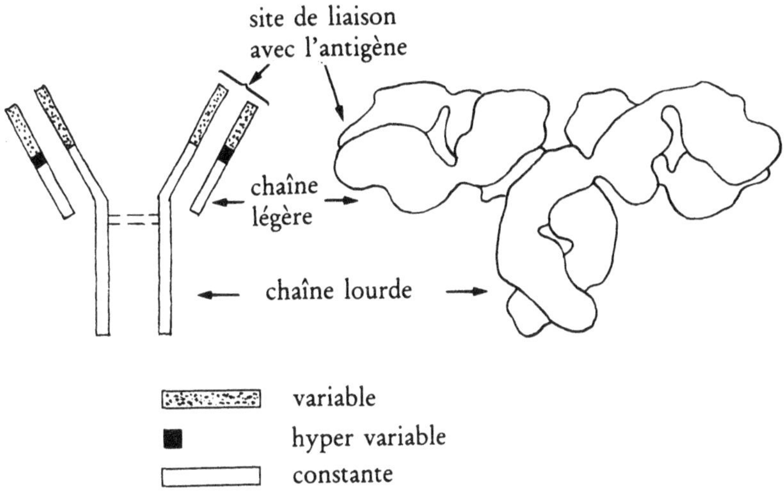

Les anticorps sont des glycoprotéines plasmatiques globulaires (immuno-globulines). Cinq mécanismes sont responsables de leur diversité :
1. La détermination multigénétique des régions variables,
2. la recombinaison des gènes codant pour les régions variables et de jonction,
3. la variation de ces recombinaisons provoquant une région hypervariable,
4. la mutation somatique, en particulier pour les gènes codant pour les régions variables,
5. l'association combinatoire des chaînes lourdes (dont il existe 5 familles chez l'Homme) et des chaînes légères (2 familles).
La diversité se traduit par une différence de forme du site de reconnaissance et de liaison avec l'antigène (elle est imagée dans le texte par les motifs pique, trèfle, carreau, cœur).
La représentation de droite, moins schématique que celle de gauche, donne une idée de l'encombrement spatial d'une immuno-globuline.

Ce scénario pour champ de bataille a été pendant longtemps un véritable casse-tête pour les immunologistes qui avaient bien des difficultés à décrypter les coulisses d'une stratégie simple seulement en apparence.

Comment l'organisme peut-il anticiper et se trouver prêt à neutraliser spécifiquement l'arme d'un ennemi jusqu'alors inconnu ?

Faisons quelques remarques quant à la stratégie utilisée.

Le nombre des molécules pouvant se comporter en antigènes est pratiquement illimité, ou tout au moins égal à plusieurs millions. Chaque individu est donc susceptible d'en rencontrer un grand nombre au cours de sa vie, à l'occasion de lésions ou d'attaques par des micro-organismes pathogènes.

Les anticorps étant fabriqués à la demande, lorsque l'antigène pénètre dans l'organisme, ceci interroge sur la nature du lien informationnel existant entre la pénétration dans l'organisme de la clef et la synthèse de la serrure correspondante.

Une serrure-anticorps est produite par un *clone* de plasmocytes, tous frères, issus d'un même lymphocyte B parental. Une autre serrure serait produite par un autre *clone* (un clone de cellules est l'ensemble des cellules issues les unes des autres par division et étant toutes identiques entre elles).

Lorsqu'un antigène « clef-trèfle » parvient dans un carnaval de lymphocytes B (carreau, pique, cœur, trèfle, triangle, cercle, etc.), il n'est reconnu que par les quelques lymphocytes trèfles ; les autres lymphocytes l'ignorent. Cette reconnaissance provoque la multiplication de ces seuls lymphocytes B trèfles et leur différenciation en plasmocytes trèfles. Ce sont ces cellules filles qui sont aptes à fabriquer et à sécréter des anticorps « serrures-trèfles ». Une fois libérés les anticorps se répandent dans les liquides lymphatique, sanguin, intercellulaires et partent en guerre contre les antigènes pénétrant à nouveau dans l'organisme.

Ce célèbre mécanisme connu sous le nom de « sélection clonale » est typiquement darwinien. Une cellule préadaptée (« B-trèfle ») est sélectionnée par un facteur du milieu (l'antigène « clef-trèfle »). L'antigène est l'élément du milieu qui exerce la pression de sélection vis-à-vis des diverses cohortes de lymphocytes B. Il est probable que de nombreux types de lymphocytes B ne sont jamais sélectionnés par aucun antigène ; soit que l'antigène correspondant n'existe pas dans la nature, soit que l'individu ne le rencontre jamais.

La sélection clonale est un des liens de causalité entre la reconnaissance de l'antigène et la réponse adaptée à cette reconnaissance.

Il faut encore préciser que la reconnaissance de l'antigène par le lymphocyte correspondant relève de diverses stratégies qui dépendent de la nature de cet antigène. La plupart du temps ces stratégies nécessitent une coopération entre plusieurs types de cellules : les lymphocytes B, des cellules présentatrices de l'antigène, certains lymphocytes T qui aident à l'activation des lymphocytes B soit par contact direct, soit par sécrétion de lymphokines. (Les lymphokines sont des molécules sécrétées par une cellule impliquée dans une réaction immunologique et régulant le fonctionnement d'une autre cellule participant à cette même réponse.)

Comment l'organisme peut-il se doter d'une multitude de lymphocytes B ?

Le système relève de l'extrême complexité de la fraction du génome gouvernant la synthèse des anticorps. Ce degré de complexité est le résultat d'un vaste jeu au cours duquel la nature s'en est donné à cœur joie pour créer la multiplicité, la diversité.

Pour comprendre ce jeu, il faut savoir que les anticorps, que nous avons comparés à des serrures, sont constitués de chaînes d'acides aminés (4 chaînes peptidiques identiques 2 à 2). Or, les anticorps-serrures diffèrent subtilement l'un de l'autre dans une région où la séquence en acides aminés formant les chaînes varie beaucoup d'un anticorps à l'autre. Cette région est responsable de la multiplicité et de la spécificité des motifs anticorps.

Chaque anticorps possède deux régions (sites de reconnaissance) identiques à l'extrémité des deux bras du Y. La diversité de succession des acides aminés de l'extrémité des bras du Y, au sein de la communauté lymphocytaire d'un même individu, s'explique par le phénomène de la différenciation cellulaire. Cette différenciation s'installe au cours de l'ontogenèse (développement de l'individu). Une même information génétique, bien que présente en totalité dans chaque cellule, ne s'exprime que partiellement et de façon différentielle dans les unes ou les autres des cellules d'un organisme. De proche en proche, au cours des divisions successives, le processus conduit de l'œuf jusqu'à des populations cellulaires hautement spécialisées (cellules rénales, musculaires, lymphocytaires, etc.).

Nous ne pouvons pas penser que notre génome contient autant de gènes (phrases génétiques pouvant être traduites en termes de caractères exprimés par la cellule) qu'il y a d'anticorps susceptibles d'être synthétisés. Le nombre très élevé d'anticorps dépasse en fait le nombre total de nos gènes. La solution à ce casse-tête a été trouvée en particulier par S. Tonegawa. Elle va à l'encontre des conceptions imaginables voici seulement 15 ans et repose sur des remaniements du génome des lymphocytes.

Une première cause de diversité de la séquence en acides aminés des chaînes peptidiques formant les anticorps est le grand nombre de gènes codant pour leur partie variable. Les gènes fonctionnels s'exprimant pour donner ces séquences variables ne sont pas présents tels quels dans la cellule germinale. Dans l'œuf, il existe seulement un répertoire de fragments précurseurs de gènes. A titre d'exemple, pour la seule chaîne légère, il existe dans le génome embryonnaire 150 fragments « V » pouvant se combiner à 5 fragments « I » pouvant ainsi fournir 750 gènes différents codant pour la région variable de cette chaîne.

Les gènes matures ne se construisent que progressivement dans la lignée lymphocytaire, par des réarrangements successifs des fragments au sein du génome. Il est admis que des essais de réarrangement ont lieu tout au long de la vie, c'est ce jeu combinatoire qui permet d'accéder à des puzzles exprimables. A ce stade, la cellule mérite le nom de lymphocyte B.

Une seconde cause de variation réside dans le fait que les fragments réarrangés ne sont pas toujours prélevés par une coupure se faisant strictement au bon endroit de la molécule d'ADN. Il suffit en effet que la coupure ait lieu soit en deçà soit au-delà de tel nucléotide (brique de construction de l'ADN) pour que le texte génétique du fragment prélevé se trouve modifié.

Mutation somatique

Ce terme, souvent carrefour de confusion, mérite d'être explicité. Une mutation somatique correspond à une erreur de copie de l'ADN qui survient lors de la division d'une cellule du corps (soma). Elle est appelée ainsi en opposition aux mutations qui affectent la copie de l'ADN lors de la formation des cellules sexuelles (germen). Alors que les mutations touchant les cellules sexuelles sont transmises à la descendance et participent éventuellement au processus d'évolution des espèces, les mutations somatiques, au contraire, restent prisonnières du corps. Elles ne sont pas transmises héréditairement. (Les « grains de beauté » sont issus de telles mutations. Une cellule « normale » peut donner naissance à une cellule sécrétant en abondance un pigment sombre, la mélanine. Cette cellule et ses filles donneront une colonie noire. Leur nombre ne peut que s'accroître avec l'âge. La coquetterie du XVIIe siècle en Europe a su, avec la vague des « mouches » sur une peau laiteuse, se jouer de ces avatars.)

Une dernière cause de variation réside dans des « mutations somatiques ».

Les mutations somatiques qui touchent les anticorps sont plus fréquentes dans les régions variables. Elles accentuent donc encore la diversité des sites de reconnaissance des antigènes. S'installant au cours de la vie des individus, ce mécanisme a l'avantage d'offrir une défense sans cesse novatrice face à la multiplicité moléculaire (antigènes), elle-même mouvante, de l'environnement biologique et en particulier du monde des micro-organismes agresseurs. Ainsi, d'un lymphocyte B à ses descendants, les motifs peuvent varier dans leur détail de sorte que l'innovation s'installe tout au long de la vie de l'individu. Dans l'exemple du lymphocyte B « serrure-trèfle » sélectionné par un antigène « clef-trèfle », sa descendance serait une communauté de variations sur un thème : cellules sécrétrices d'anticorps « serrures-trèfles à feuilles longues, courtes, arrondies, effilées, etc. ». Mais ce n'est pas tout.

Un lymphocyte B ne donne pas seulement une descendance de cellules sécrétrices d'anticorps, d'une durée de vie de quelques semaines à quelques mois. Il donne également naissance à un clone de « cellules à mémoire » qui se maintient pendant cinq à dix ans. Ceci permet l'acquisition par l'organisme d'une mémoire immunitaire. Lors d'une deuxième pénétration de l'antigène, les cellules à mémoire sont activées par l'antigène. Elles prolifèrent à leur tour et se différencient elles-mêmes en deux clones : l'un est constitué de cellules sécrétrices d'anticorps, l'autre est constitué de nouvelles cellules à mémoire.

Ainsi, même après la mort des cellules sécrétrices d'anticorps, un organisme garde pendant plusieurs années la mémoire de son agression par l'antigène.

En résumé, dans cette lutte contre les intrus, l'information génétique ne code pas pour un motif anticorps étranger inéluctablement fixé et transmis de génération en génération, mais plutôt pour une combinatoire ouverte sur une multiplicité potentielle. Les lymphocytes B jouent pour l'organisme la carte de la plasticité face à un environnement mouvant et imprévisible. Mais cette imprévisibilité, le vivant l'a intériorisée.

Bien que ce mécanisme soit darwinien, la pièce de théâtre se joue dans l'espace d'un organisme et à l'intérieur de son temps de vie. Les acquis ne sont pas transmissibles à la descendance. Chaque individu vit une aventure immunologique qui lui est singulière.

Des cellules qui tuent

L'organisme est donc apte à fabriquer des molécules de défense qui se lient aux molécules étrangères. La liaison a pour effet d'empêcher l'expression de la toxicité de ces molécules (poisons, venins, toxines). Dans le cas où les molécules étrangères appartiennent à un agent infectieux (bactérie, virus), celui-ci est mis dans l'incapacité de nuire car il est immobilisé, « enlisé » par les anticorps (image des pelotes de laine et des doubles crochets).

Outre ce mécanisme de défense, qui nous est maintenant familier, le système immunitaire peut mettre directement en œuvre des cellules « sensibilisées », aptes à tuer des cellules étrangères dont l'identité n'est pas conforme au soi de l'organisme. Ces cellules tueuses = cellules K (pour *killer* en anglais) semblent appartenir à plusieurs groupes : certains lymphocytes T, macrophages, cellules tueuses naturelles = cellules NK (pour *natural killer*), etc. Les unes et les autres sont riches en enzymes pouvant dégrader la cellule cible interceptée. Quelle est la stratégie du comportement tueur ?

Si une mutation somatique fait apparaître, à la surface d'une cellule nouveau-né, des molécules non encore éditées par l'organisme, celles-ci, fabriquées en dehors de la période du développement embryonnaire (époque où les molécules sont répertoriées par le système immunitaire comme appartenant à l'individu, au « soi »), seront considérées comme étrangères et les cellules qui les supportent deviendront la cible des cellules tueuses. C'est ainsi que les cellules cancéreuses portant des marqueurs modifiés par rapport à ceux du soi sont éliminées par les cellule tueuses au fur et à mesure de leur apparition. Cependant il arrive, pour des raisons mal connues, que les cellules tueuses se trouvent débordées dans leur tâche par la rapidité de multiplication des dissidentes.

Depuis que l'organisme est devenu le théâtre de transplantation d'organes, les cellules tueuses expriment aussi leurs potentialités dans les phénomènes de rejet des greffons car les cellules de l'organe transplanté ne possèdent pas les marqueurs propres à l'organisme receveur. Cette réaction vis-à-vis des organes greffés illustre l'absence de finalité des systèmes vivants. Ceux-ci n'ont pu prévoir leur génome en fonction de notre technologie actuelle de transplantation.

La susceptibilité du système immunitaire

Malgré ses performances remarquables, notre système immunitaire se trouve parfois leurré par un intrus insignifiant, sans envergure guerrière. Nous ne saisissons probablement pas encore bien la signification biologique de telles réactions, mais tout se passe comme si le système de défense était pris de panique et mettait en œuvre un arsenal réagissant de façon démesurée et provoquant bien des dégâts dans l'organisme. Ces réactions, que nous interprétons comme une défense altérée *(allergie)*, s'amplifient si le même intrus se présente à nouveau. Les visites répétées n'immunisent pas l'organisme mais au contraire l'hypersensibilise. Ces désordres répondent à de nombreux scénarios et nous les illustrerons seulement par un exemple bien connu dans notre vie courante.

Certains urticaires, eczémas, asthmes, rhumes des foins, colites sont dus à la pénétration dans l'organisme de molécules étrangères, portées par des pollens, des parasites, des poils, des plumes, des aliments (œufs, fraises, etc.). Ces molécules ne provoquent aucune réaction chez la plupart des individus, mais peuvent devenir puissamment allergisantes pour un sujet particulier. Comme dans le cas d'une défense (immunité protection), des lymphocytes B activés par la molécule étrangère (antigène) se multiplient et donnent naissance à des cellules sécrétrices d'anticorps. Cependant, dans ce cas, les lymphocytes B appartiennent à un groupe particulier sécrétant des anticorps particuliers (immunoglobulines E). Ceux-ci, plutôt que de neutraliser l'intrus, se fixent par leurs pieds (molécules en forme de Y) sur des cellules du derme de la peau (appelées *mastocytes*). Aucun désordre n'est perceptible chez le sujet tant que l'antigène ne se présente pas une nouvelle fois.

Dans le cas d'une deuxième intrusion ou, le plus souvent,

d'intrusions répétées au fil des ans (protéines de pollens, de chenilles processionnaires ou d'acariens), l'antigène reconnaît l'anticorps à la surface du mastocyte et s'y fixe. Cette fixation provoque la sécrétion par les mastocytes de diverses substances (*histamine*, *sérotonine*, etc.) responsables des désordres physiologiques : rougeurs, démangeaisons, larmes, éternuements, vomissements. Une réaction, contraire à une réaction de défense, s'installe. Elle traduit la susceptibilité, la sensibilité excessive, maladive (hypersensibilité) du sujet pour l'intrus.

Les réactions d'hypersensibilité sont de natures très diverses. Selon la nature de l'intrus — substance ou cellule étrangère —, les cellules T sensibilisées en se multipliant font preuve d'une imagination débordante, se différencient en de nombreux types cellulaires ayant des compétences variées.

Les réactions d'hypersensibilité et de protection ne s'excluent pas. L'organisme possède tout autant les acteurs le faisant réagir de façon « épidermique » contre la tuberculine, que ceux le protégeant contre le bacille tuberculeux.

Une rude épreuve

Certains parasites mettent à rude épreuve le système immunitaire, en rendant quasiment inutile, inefficace, la production d'anticorps par l'organisme. Ils ne cessent en effet d'inventer des variants contre lesquels les anticorps déjà produits vis-à-vis des premiers envahisseurs sont sans effet.

D'un parasite à l'autre, la stratégie de la variation n'est pas la même, ni le temps du changement. Le virus de la grippe se contente de varier d'année en année ou d'un mois à l'autre. Le *Trypanosome* varie d'un jour à l'autre.

Le virus de la grippe

Le virus de la grippe possède une enveloppe sphérique portant deux protéines H et N (*Hemagglutinine* et *Neuraminidase*) qui constituent sa carte de visite. Lorsqu'un virus pénètre dans un organisme, ce dernier produit des anticorps contre H et N. Au cours des millénaires, le virus a inventé deux parades à l'anéantissement par les anticorps. Il s'agit dans les deux cas de modifications touchant le génome gouvernant H et N. La première parade s'installe à la faveur de mutations. Une mutation importante peut provoquer l'apparition d'un nouveau variant, ou encore plusieurs petites mutations successives peuvent provoquer une dérive génique qui fait varier la molécule correspondante au fil des générations du virus. Par exemple, de petites modifications successives du variant 2 de la neuramidase (N_2) ont permis de passer du virus H_2 N_2 de Singapour de 1957 au virus H_2 N_2' Asiatique de 1968 (virus dit « asian »).

La deuxième parade utilise une stratégie radicale, elle a recours à l'infection simultanée par deux virus de la grippe d'identité différente. Dans les cellules pulmonaires infectées par les deux virus, il suffit que les jeunes particules virales issues de la multiplication englobent une part du génome appartenant à l'un des virus infectant et une autre part du génome appartenant à l'autre virus pour obtenir des virus ayant des stocks mixtes, inédits (un génome de virus de la grippe est constitué de 8 fragments de molécules d'ARN). De tels virus sont redoutables, ils sont responsables des grandes épidémies mondiales (pandémies) dévastatrices. Cette parade aurait permis le passage du virus H_2 N_2 de Singapour 1957 au virus H_3 N_2 de Hong Kong 1968.

Étant donné la fréquence de variation, chaque année le virus de la grippe est différent. Ceci explique qu'il n'y a pas d'immunité durable contre la grippe, les anticorps secrétés les années précédentes étant démodés.

Le Trypanosome

Le Trypanosome, protozoaire responsable de la maladie du sommeil, vit dans les glandes salivaires de la mouche Tsé-Tsé qui peut l'inoculer à l'homme par piqûre. Le système immunitaire du sujet piqué répond en fabriquant des anticorps. Presque tous les Trypanosomes présents sont alors tués, sauf quelques-uns qui ne sont pas reconnus par les anticorps fabriqués contre ces envahisseurs. En fait, ces quelques rescapés sont épargnés car ils déjouent la vigilance de l'organisme ; ils ne possèdent pas la même carte d'identité que leurs compagnons. Leurs molécules de surface (glycoprotéines variables de surface, GVS) sont différentes.

Le premier artifice se joue sournoisement dans les coulisses. Il consiste à programmer la multiplicité des parures, des cartes d'identité moléculaires. Les molécules de surface sont codées par une information génétique soumise à divers jeux combinatoires. Une centaine de gènes (ou de fragments de gènes) code pour ces marqueurs, mais tous ces gènes ne sont pas fonctionnels, tous ne s'expriment pas. C'est en se dupliquant que des gènes « de base » non encore utilisés peuvent donner une copie fonctionnelle qui s'exprime en programmant l'acquisition d'une nouvelle parure. D'autres fois, le déplacement de fragments au sein de la molécule d'ADN autorise le rapprochement de secteurs tout d'abord disjoints et permet ainsi la construction de nouveaux gènes fonctionnels, permettant la synthèse de nouveaux marqueurs de surface GVS. Ces réarrangements sont suffisamment fréquents (une fois toutes les 10 000 à 100 000 divisions) pour qu'il existe toujours quelques nouveaux venus pouvant exprimer des caractères inédits. Ces arlequins prennent leur hôte pour un lieu de carnaval et changent de parure.

C'est une stratégie défensive redoutable. A la potentialité de l'Homme d'exprimer une multitude d'anticorps, le Trypanosome oppose des métamorphoses qui, sans cesse, le dotent d'une identité inédite contre laquelle les anticorps déjà formés par le malade sont sans effet. Le Trypanosome se débarrasse ainsi de l'ancienne carte d'identité qui est la cible de la réponse immunitaire en cours.

Un deuxième artifice du Trypanosome consiste à agrafer ses parures moléculaires à la surface cellulaire à l'aide d'un seul bouton pression. De la sorte, le Trypanosome peut fixer du variable (les GVS) sur du standard (le bouton pression). En d'autres termes, la même molécule d'ancrage permet de fixer, avec l'intervention d'une seule enzyme, n'importe quelle GVS à la surface membranaire. En évitant d'inventer un autre bouton pression, le Trypanosome fait gagner du temps à ses populations.

Le jeu combiné de la synthèse de nouvelles GVS et du remplacement de l'ancienne parure par la nouvelle est suffisamment rapide pour que, dans une population, quelques nouveaux arlequins apparaissent avant la destruction totale de la population par les anticorps alors en vigueur.

Le règne de ces nouveaux maîtres du carnaval ne dure que le temps de la sécrétion d'anticorps dirigés spécifiquement contre eux. Une nouvelle parure, minoritaire jusqu'alors, sortie de la garde-robe, s'impose. La mascarade se poursuit de crise en crise, mettant le système immunitaire échec et mat. Elle conduit le sujet à la mort.

Le Trypanosome, très éloigné phylogénétiquement — ceci va sans dire — des lymphocytes de Mammifères, a su, lui aussi, inventer une combinatoire au sein de son génome. Le Trypanosome mime la stratégie pluraliste du système immunitaire, mais qui plus est, il la met en péril car il joue sur le facteur temps. Il faut moins de temps au Trypanosome pour se travestir qu'il n'en faut à la machinerie immunitaire pour lancer de nouvelles vagues d'anticorps.

La gestion du soi et du non-soi

Il existe chez les organismes supérieurs et en particulier chez l'Homme une grande multiplicité, d'un individu à l'autre, des cartes d'identité cellulaires. Il semble bien que cette diversité soit une stratégie pour parer au mimétisme moléculaire auquel s'adonnent les agents pathogènes. En effet, ceux-ci (bactéries, virus, parasites) tentent de mimer les molécules des autres organismes pour tromper leur vigilance, pour les envahir et vivre à leur dépend malgré leur arsenal de défense immunitaire. La diversité des cartes d'identité individuelles a pour conséquence de freiner la propagation d'une maladie dans les populations de Mammifères infectées.

Cette diversité est aujourd'hui bien connue de chacun de nous, elle est facilement illustrée par la difficulté à réussir des greffes d'organes, même entre proches parents.

Ce sont les accidents de transfusion qui ont dévoilé la présence de marqueurs de surface sur les hématies (système A, B, O ; autres systèmes). De la même façon, les rejets de greffe ont souligné la spécificité des marqueurs présents sur les autres cellules de l'organisme et caractéristiques les uns de l'individu, les autres de l'espèce. Les premiers connus ont été identifiés à la surface des leucocytes et portent pour cette raison le nom de *Human Leucocytes Antigen*. Ils constituent le système de marquage dit HLA. Leur multiplicité traduit une nouvelle prouesse du génome. Une seule région de l'ADN, localisée sur le chromosome numéro 6 chez l'Homme (sur le chromosome numéro 17 chez la souris) gère un vaste jeu combinatoire. Cette région gouverne en particulier la compétence des tissus lors des greffes d'organes. Cette région est nommée complexe majeur d'histocompatibilité, CMH. Pour ne parler que des mécanismes immunologiques qui nous sont maintenant familiers, le CMH régente tout aussi bien :

1. La multiplicité des marqueurs de surface des cellules de l'organisme et en particulier ceux des lymphocytes B et T ;
2. La multiplicité et la spécificité des anticorps ;
3. La diversité fonctionnelle des lymphocytes T ;
4. La fabrication et le fonctionnement d'autres molécules impliquées dans les mécanismes de défense (tel que le *complément*).

La haute complexité du complexe majeur d'histocompatibilité doit être regardée comme la traduction de l'énorme pression de sélection qui s'exerce sur le génome, auquel a été dévolu la lourde tâche de gérer la discrimination entre le soi et le non-soi.

*

Le système immunitaire vise à la protection de l'organisme contre toute pénétration de molécules biologiques étrangères à l'organisme et susceptibles de créer une confusion, une perturbation dans l'ordre physiologique établi.

Il se caractérise par sa haute spécificité qui lui permet de reconnaître subtilement une molécule du soi d'une molécule étrangère qui lui ressemble. Ses performances découlent de la différenciation fonctionnelle poussée à l'extrême de ses acteurs : les cellules de la lignée blanche.

Cette différenciation est gouvernée par une multiplicité de gènes qui, tout à la fois, se combinent de diverses manières et mutent au cours de la vie des individus. Ce jeu de la variation génétique n'a de comparable que celui des parasites qui tentent d'élaborer des stratégies visant à mettre le système immunitaire échec et mat.

9
La multiplicité fonctionnelle

Les molécules fonctionnelles, enzymes gouvernant les transformations moléculaires, hormones et neuromédiateurs assurant le transfert des informations au sein d'un organisme, sont multiples. Cette multiplicité découle de la haute spécificité de leur action. Chacune n'agit en effet que sur une cible bien définie. Les avantages offerts par ce couplage de la multiplicité et de la spécificité sont illustrés ici par des exemples empruntés tour à tour aux enzymes, aux hormones et aux neuromédiateurs.

La multiplicité est particulièrement mise en œuvre par les molécules informationnelles qui assurent la cohérence de l'organisme. Cette cohérence est obtenue au prix de relations constantes entre les divers organes et les diverses cellules qui œuvrent nécessairement de concert au sein de l'édifice commun.

Au cours de l'évolution, deux voies d'échange ont été privilégiées : un système de canaux (vaisseaux sanguins et lymphatiques) et un système câblé (circuits nerveux). Le long de ces deux réseaux de « médiateurs », les « messagers » chimiques transportent l'information d'un lieu à l'autre.

Les relations sont en fait des inter-relations qui appartiennent à des réseaux à la fois réactionnels et informationnels. Le système hormonal, le système nerveux et aussi le système immunitaire ne sont pas indépendants, ils ne s'ignorent pas. Bien que répondant chacun à une logique propre, ils se tiennent réciproquement informés de leurs actions et réactions.

La subtilité des protéines cousines germaines

La subtilité fonctionnelle revient souvent à faire œuvrer à une même besogne des molécules « cousines germaines ». Les protéines cousines germaines correspondent à la traduction de gènes, eux-mêmes cousins germains, c'est-à-dire apparentés et dérivant d'un même gène ancestral.

Cet ancêtre était, voici des millions d'années, le seul représentant de la famille, le fondateur potentiel de la famille. Traversant les âges géologiques en même temps que les espèces qui l'abritaient, il s'est dupliqué. Ainsi, il est fréquent qu'un gène existe en deux ou plusieurs exemplaires au sein d'un génome. Parfois, les copies d'un même gène évoluent de façon autonome conduisant à une diversité de protéines cousines germaines.

Nous choisirons deux exemples pour montrer comment des cousines germaines peuvent allier leurs compétences pour résoudre un même problème. Les réactions biochimiques mettent en jeu des affinités entre molécules qui dépendent des conditions physico-chimiques environnantes. Pour une molécule fonctionnelle (molécule transporteuse d'un groupement chimique, enzyme), être bien adaptée à une situation physico-chimique précise, c'est courir le risque d'être moins bien adaptée à une variante de cette situation. L'astuce des systèmes vivants consiste à mettre en jeu une cohorte de cousines germaines œuvrant pour la même cause, mais fonctionnant à des températures, degrés d'acidité ou pressions en oxygène légèrement différentes les unes des autres.

Prenons l'exemple de l'hémoglobine ; molécule de nos hématies qui assure le transport de l'oxygène (O_2) et secondairement celui du gaz carbonique (CO_2) dans notre sang. L'hémoglobine est une molécule tétramère (4 sous-unités la composent). En fait on connaît 5 gènes, codant pour 5 types de sous-unités (α, β, γ, δ, et ξ) plus ou moins représentées dans le corps aux divers âges. ξ est active pendant la vie embryonnaire (les 3 premiers mois de la vie intra-utérine), α et γ sont actives pendant la vie fœtale (6e au 9e mois de vie intra-utérine). L'hémoglobine fœtale est constituée essentiellement du tétramère « $2\ \alpha + 2\ \gamma$ » alors que l'adulte possède le tétramère « $2\alpha + 2\beta$ » en grande quantité et le tétramère « $2\ \alpha + 2\ \delta$ » en petite quantité. Les divers gènes « hémoglobine », à disposition dans l'espèce humaine, sont mis à contribution à des époques différentes de l'histoire individuelle et selon leur compétence propre. L'hémoglobine fœtale (2α, $2\ \gamma$) est apte à capter l'oxygène aux faibles pressions existant dans le sang fœtal. Depuis l'air pulmonaire maternel jusqu'au sang fœtal, cet oxygène connaît en effet plusieurs transferts de milieu dont chacun fait chuter sa pression (air pulmonaire maternel, plasma maternel puis hématies, lacunes placentaires maternelles, plasma fœtal puis hématies). A la naissance, les hématies fœtales sont abandonnées (ictère du nouveau-né) au profit d'hématies portant de l'hémoglobine « $2\ \alpha + 2\ \beta$ » mieux adaptée aux plus fortes pressions en oxygène de nos capillaires pulmonaires.

Le polymorphisme moléculaire de l'individu se trouve encore mis à profit dans le fonctionnement enzymatique. Les enzymes font parfois preuve d'une grande susceptibilité vis-à-vis des conditions du milieu. Aussi, devient-il avantageux de disposer d'une série d'enzymes cousines (*isoenzymes*) œuvrant les unes et les autres de façon optimale dans des conditions physicochimiques quelque peu différentes.

Prenons l'exemple suivant, en envisageant dans un premier temps le problème qui se pose aux cousines germaines. Grâce à la respiration, notre organisme puise l'énergie qui lui est nécessaire dans nos aliments, en rompant par oxydation les liaisons chimiques des molécules. L'oxydation de diverses molécules, et en particulier de la plus courante de nos molécules énergétiques (le glucose), conduit à une molécule carrefour (l'*acide pyruvique*). Il s'agit bien d'un carrefour car, à cet endroit de son travail, la cellule se trouve devant un choix ; elle ne peut utiliser la molécule carrefour de la même façon en présence ou en absence d'oxygène.

En absence d'oxygène, une enzyme (LDH, *lactico deshydrogenase*) incite la cellule à transformer l'acide pyruvique en acide lactique. Cette transformation ne libère pas beaucoup d'énergie mais elle a l'avantage de ne pas nécessiter d'oxygène. En présence d'oxygène, la LDH dissuade la cellule d'utiliser cette voie ; la cellule utilise alors une voie « plus facile » où l'acide pyruvique est totalement oxydé, avec libération des gaz respiratoires bien connus (le gaz carbonique et la vapeur d'eau).

En fait, l'enzyme LDH n'est pas qu'une seule molécule mais une tribu de cinq cousines germaines. Les unes et les autres apparaissent et sont mises en œuvre au gré du développement embryonnaire ou au gré des divers tissus chez l'adulte. Chaque cousine est un tétramère constitué par l'association de protéines élémentaires M et H : (quatre M ou trois M et un H, etc., soit les cousines M4, M3H1, M2H2, M1H3, H4). En absence d'oxygène, M favorise la voie de production de l'acide lactique ; en présence d'oxygène, H dissuade la cellule d'emprunter cette voie.

On constate précisément que les formes M4 et M3H, qui excellent aux faibles pressions en oxygène, sont rencontrées soit aux stades embryonnaires, soit dans les tissus adultes susceptibles de souffrir d'un manque d'oxygène comme les muscles striés. H4 et M1H3 sont au contraire rencontrées préférentiellement dans les tissus adultes bien oxygénés.

Dans d'autres cas, la signification biologique du polymorphisme moléculaire n'est pas facile à saisir. En effet, au sein d'une population (d'un individu à l'autre), il existe souvent un grand nombre de variantes d'une même protéine, ne différant entre elles que par un acide aminé, ou un petit nombre d'acides aminés. Ceci laisse entendre qu'il s'agit de différences mineures de structure qui ne s'expriment pas sur le plan fonctionnel. Ces variantes d'une même molécule sont neutres du point de vue évolutif. Elles ne présentent pas d'avantage, elles sont seulement tolérées comme non défavorables.

Le monde des hormones

Au travers des vaisseaux sanguins et lymphatiques, la communication entre organes, la plupart du temps éloignés, se fait par les hormones. Ces messagers synthétisés par l'organe émetteur (la glande endocrine) sont capables d'activer le fonctionnement de l'organe cible. Ils règlent le déroulement des processus biologiques dont la singularité appartient en propre aux cellules cibles. Bien que l'organisme soit baigné par toutes les hormones, un organe, une cellule ne répond pas à toutes. Telle hormone active telle cellule. Le propre d'un message est de pouvoir être compris préférentiellement, voire exclusivement, par un destinataire désigné. La spécificité du message hormonal est due à la spécificité de capture du message et de réponse de la cellule cible.

Dans le cas le plus simple, une hormone est responsable d'un seul effet. Cependant, la plupart du temps, le jeu hormonal établit des causalités complexes, multiples et une hormone peut avoir des effets variant d'une cellule cible à l'autre. La folliculine a tout à la fois pour rôle de contrôler :

1. L'évolution de la cellule femelle jusqu'au stade de cellule fécondable (ovocyte II);
2. L'épaississement de la muqueuse utérine;
3. L'accroissement des sécrétions et les mouvements des cils

des cellules des trompes utérines, de telle sorte que le transit de l'œuf s'en trouve facilité ;

4. La sécrétion de la glaire cervicale propice au déplacement des spermatozoïdes dans les voies femelles.

Un beau programme pour une seule hormone.

Dans d'autres cas, par le truchement d'antagonisme ou de synergie, plusieurs hormones gèrent subtilement un même paramètre biologique. La mise en mouvement de nos réserves de glycogène sous forme de glucose libre dans le sang et utilisable par l'organisme est gérée par une véritable petite cohorte d'hormones. Le *glucagon* pancréatique, l'*adrénaline* surrénalienne, la *somatostatine* hypophysaire favorisent la forme libre du glucose (accroissement de la glycémie, action hyperglycémiante). L'*insuline* pancréatique au contraire tend à abaisser le taux de glucose sanguin en favorisant soit sa mise en réserve dans les muscles sous forme de glycogène, soit son utilisation par les cellules en fonction de leur besoin.

Un bel exemple de régulation hormonale est donné par la physiologie de la reproduction. Dans la physiologie féminine, à partir de la puberté, l'hypothalamus sécrète un « facteur » qui a valeur d'hormones et qui commande la sécrétion d'une autre hormone, la *Folliculo Stimuline Hormone* (FSH), par l'hypophyse. Une fois sécrétée, celle-ci stimule elle-même la sécrétion de folliculine par l'ovaire. Cette dernière gouverne alors la maturation de l'ovule, l'épaississement de la muqueuse utérine et prépare les voies féminines au transit de l'ovule et au cheminement des spermatozoïdes. L'enchaînement causal n'est pas seulement linéaire, il se referme circulairement. La folliculine, en effet, rétroagit sur le fonctionnement de l'ensemble hypothalamo-hypophysaire et freine alors sa propre synthèse. Cette rétroaction empêche l'emballement du système.

Décalé dans le temps, un deuxième algorithme, celui de la série progestative, est mis en œuvre par l'hypothalamus. Il gouverne la deuxième période du cycle menstruel. La sécrétion de l'*hormone lutéinisante* (LH) par l'hypophyse provoque celle de la progestérone par l'ovaire qui en définitive autorise la ponte ovulaire et permet le développement de la dentelle utérine, propice à la nidation de l'œuf.

L'homme aussi a ses hormones (ses humeurs !) et deux algorithmes analogues à ceux de la femme permettent l'un (à point de départ FSH) la maturation des spermatozoïdes, l'autre (à point de départ LH) la préparation de l'organisme à la fonction de reproduction : caractères sexuels secondaires et comportement (voir p. 109, « La différence des sexes »).

La physiologie hormonale, et en particulier celle de la reproduction, peut avantageusement être modélisée par les *graphes fonctionnels* utilisés d'ordinaire en robotique.

Les graphes fonctionnels, celui de l'homme et celui de la femme, s'achèvent en un état d'attente qui peut se perpétuer pendant toute la vie chez l'homme, ou se répéter « menstruellement » chez la femme, à moins (!) que de l'un « et » de l'autre découle la fécondation. Le zygote (œuf), résultat du couplage des deux graphes, déclenche par sa nidation (condition nécessaire) le programme hormonal de la gestation. Plus tard, l'« extériorisation » d'un nouvel acteur (le nouveau-né) provoquera la montée laiteuse, déclenchant ainsi le sous-programme hormonal de la lactation. Ce sous-programme sera lui-même automaintenu par la sollicitation du mamelon maternel par le nouveau-né.

La mise en œuvre successive de plusieurs hormones permet la réalisation par le vivant de véritables algorithmes physiologiques où les rapports entre les organes tiennent compte du facteur temps et de « portes logiques » (liens logiques analogues à ceux mis en œuvre dans les algorithmes informatiques).

GRAPHE FONCTIONNEL DE LA FOLLICULINE

(Schéma de l'auteur)

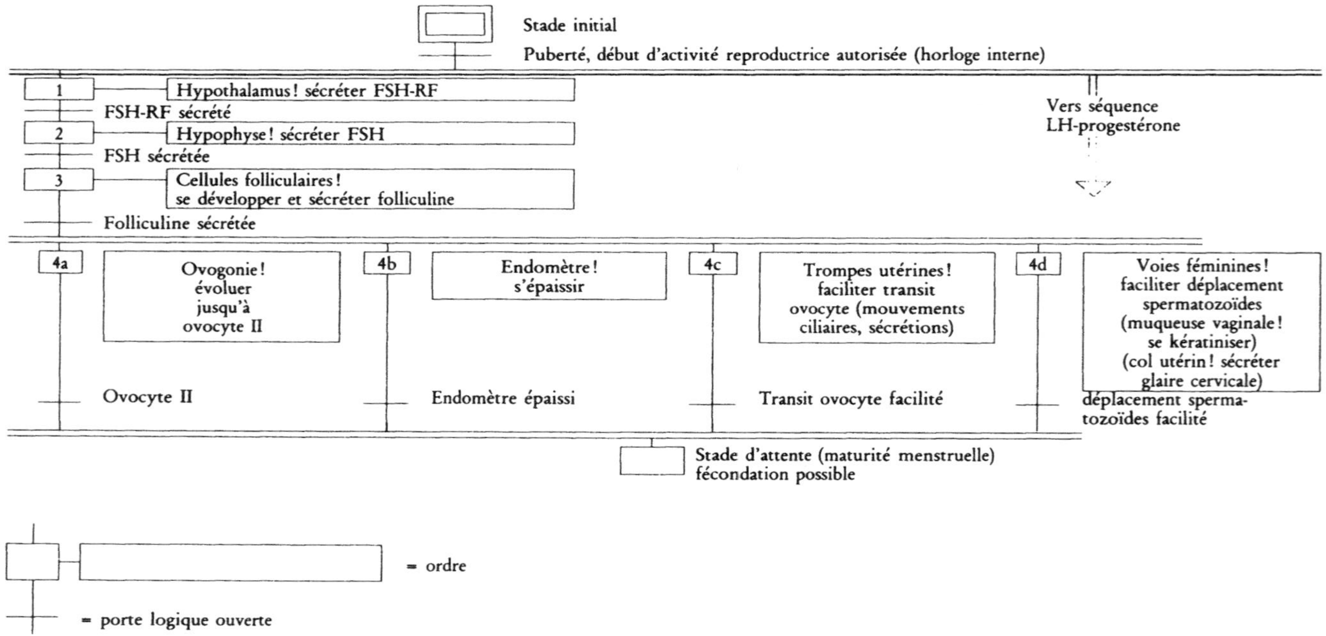

La réalisation de l'ordre permet l'ouverture de la porte logique. L'ouverture permet la formulation de l'ordre suivant. De proche en proche l'algorithme se déroule.
Hypothalamus : région de la base du cerveau assurant une jonction neuro-hormonale avec l'hypophyse.
Hypophyse : glande sécrétant diverses hormones qui gouvernent elles-mêmes la sécrétion d'autres hormones de l'organisme.
FSH-RF : facteur sécrété par l'hypothalamus et gouvernant la synthèse de FSH par l'hypophyse.
Cellules folliculaires : cellules du follicule de Graaf, sécrétrices de la folliculine.
Ovogonie : cellule précurseur d'un ovule (ovocyte II).
Endomètre : muqueuse utérine.

Le monde des neuromessagers

La propagation de l'information dans le système nerveux se fait selon deux modalités indissociables. D'une part, la conduction du message le long des fibres nerveuses (*axone*) qui s'opère grâce à une onde de polarisations et de dépolarisations causée par des transports d'ions au travers de la membrane cytoplasmique. D'autre part, la transmission du message d'une cellule nerveuse à la suivante qui se fait le plus souvent par l'intermédiaire d'un médiateur chimique. Ce médiateur (*neuromédiateur*), libéré par la fibre d'une cellule en amont, excite la cellule située en aval, faisant naître à son niveau une onde de dépolarisation qui, comme dans la cellule précédente, chemine le long de l'axone.

Les neuromédiateurs, comme les hormones, peuvent moduler le fonctionnement d'un organe grâce à des actions antagonistes. Ainsi, le rythme de notre cœur est réglé par l'*acétylcholine*, neuromédiateur relaxant, et par la *noradrénaline*, neuromédiateur excitant. L'un et l'autre sont sécrétés par des fibres nerveuses différentes.

Parfois l'effet d'un neuromédiateur est moins facilement compréhensible. Que penser de l'action de l'adrénaline sur les muscles lisses qui enveloppent nos vaisseaux ? Elle exerce une action vasoconstrictive sur les vaisseaux de la peau, des viscères abdominaux et pelviens et sur ceux des muqueuses des fosses nasales mais elle exerce au contraire une action vasodilatatrice sur les vaisseaux des muscles et du cœur. L'étude de ces phénomènes révèle que l'action ne dépend pas du neuromédiateur mais de la spécificité de sa cible. Or, il existe deux types de récepteurs vasculaires sensibles à l'adrénaline, l'un α responsable de la vasoconstriction et l'autre β responsable de la vasodilatation ; c'est de la distribution de ces récepteurs sur les organes que résulte soit un effet global vasoconstricteur, soit un effet global vasodilatateur.

Comment distinguer un neuromédiateur d'une hormone ? Un neuromédiateur est sécrété par le système nerveux et ses effets se font sentir à proximité de la cellule sécrétrice et pendant un laps de temps extrêmement court de quelques millisecondes. Tandis que les hormones libérées par les glandes peuvent agir sur des cibles éloignées du lieu de sécrétion et relativement longtemps après leur libération (parfois quelques heures).

La distinction entre neuromédiateurs et hormones n'est pas toujours aisée et l'on pourrait émettre maintes réserves à ce sujet. L'adrénaline est une hormone sécrétée par la glande médullo-surrénale qui provoque la manifestation de l'état de stress. La nor-adrénaline est un neuromédiateur du système nerveux sympathique (régulation du fonctionnement des viscères). Cependant, ces deux molécules sont très semblables car l'adrénaline est synthétisée à partir de la noradrénaline, aussi il se trouve que les neurones du système sympathique produisent non seulement de la noradrénaline, mais aussi un peu d'adrénaline et que la glande médullo-surrénale sécrète non seulement de l'adrénaline, mais aussi un peu de noradrénaline.

La *vasopressine*, hormone antidiurétique (ADH), qui provoque la contraction des artères et la réabsorption de l'eau du filtrat rénal, ainsi que l'*ocytocine* (en grec, « qui provoque un accouchement rapide »), qui gouverne les contractions du muscle utérin et des muscles des canaux mammaires, sont considérées comme des hormones bien que sécrétées par des cellules nerveuses de l'hypothalamus. Ces deux hormones, malgré leurs actions physiologiques très différentes, sont proches parentes. Constituées toutes deux de neuf acides aminés, dont seul le huitième diffère, elles sont codées par deux gènes issus d'un même gène ancestral. Vasopressine et ocytocine appartiennent en fait à un grand groupe de médiateurs appelés neuropeptides.

Les neuropeptides doivent être distingués des autres média-

La pro-opiomélanocortine

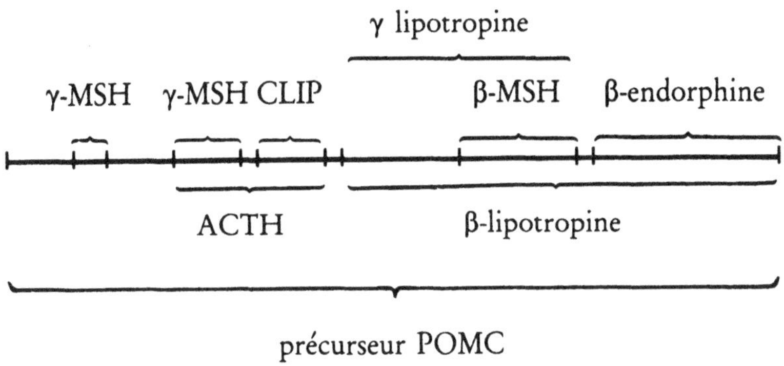

La pro-opiomélanocortine (POMC) est un précurseur synthétisé par l'hypothalamus et le lobe antérieur de l'hypophyse. Cette longue chaîne protéique peut être coupée en divers points par des enzymes spécifiques. Les fragments obtenus sont autant d'hormones fonctionnelles.

ACTH : (adréno-corticotrophin hormone) hormone émise par le lobe antérieur de l'hypophyse et stimulant la sécrétion d'hormones stéroïdes par la glande cortico-surrénalienne (régulation du métabolisme de l'eau et des sels minéraux).

α-MSH : (mélanocyte stimulating hormone) pigmentation de la peau.

β-MSH, γ-MSH : autres versions de la MSH.

CLIP : hormone sécrétée par le lobe intermédiaire de l'hypophyse. Ressemble à la corticotrophine (mais forme moins active).

β lipotropine : sécrétée par le lobe antérieur de l'hypophyse. Active la dégradation des lipides.

γ-lipotropine : autre version, forme moins active que la β-lipotropine.

β-endorphine : modulation des sensations de douleur et de plaisir.

teurs nerveux car ils présentent plusieurs particularités fonctionnelles : leur effet est moins rapide et plus durable que celui des autres neuromédiateurs. Ils présentent l'originalité d'exercer à la fois une action hormonale précise au niveau local (viscère) et une action globale dans le cerveau où ils interviendraient pour des activités cérébrales associées à des sensations complexes, comme la douleur et le plaisir. Leur rôle serait de moduler (neuromodulation) les effets plus rapides et transitoires des autres neuromédiateurs.

Ces neuropeptides peuvent être regroupés en familles au sein desquelles les molécules cousines germaines témoignent de leur histoire commune. Les molécules cousines germaines sont en fait initialement synthétisées à la queue leu leu et font tout d'abord partie d'un long précurseur. Ce long précurseur, constitué de séquences se ressemblant, est lui-même la traduction d'un long gène constitué d'autant de « variations sur un thème » d'un même gène ancestral. Ainsi le grand peptide *pro-opiomelanocortine* (POMC), synthétisé aussi bien par l'hypothalamus que par l'hypophyse antérieure (*antéhypophyse*), peut donner naissance à divers médiateurs. Ces messagers potentiels diffèrent selon les lieux de coupure de la molécule précurseur et nous pouvons citer entre autres : l'hormone *adréno-corticotrophine* (ACTH) stimulant la sécrétion d'autres hormones par la glande cortico-surrénale, une *bêta-lipotropine* permettant la dégradation des lipides, une *alpha-mélanostimulante* (alpha-MSH) gouvernant la pigmentation et éventuellement le mimétisme de la peau et des *endorphines* qui modulent les sensations de douleur et de plaisir.

Les parentés moléculaires ou les ressemblances fonctionnelles entre hormones, neuromédiateurs et neuropeptides, découlent soit d'une origine embryonnaire commune des structures sécrétrices, soit de l'histoire des espèces.

Lorsqu'une grande peur provoque une décharge d'adrénaline dans nos glandes médullosurrénales, notre cœur se met à battre la chamade. Cette réaction au stress mime l'action de notre système nerveux « sympathique » qui, lui aussi, libère de l'adrénaline comme neuromédiateur. Ces deux structures : les cellules médullosurrénaliennes et les cellules nerveuses, très différentes chez l'adulte, sécrètent une même hormone parce qu'elles ont une même origine embryonnaire. Toutes deux dérivent d'une ébauche commune : l'ectoblaste embryonnaire.

D'une espèce à l'autre, une même hormone n'assure pas la même fonction. Par exemple, la *prolactine* gouverne les besoins en eau chez les Poissons et règle le fonctionnement des glandes mammaires chez les Mammifères. La diversité des médiateurs souligne le caractère opportuniste de l'évolution des espèces. D'une espèce à l'autre, d'un organe à l'autre, une hormone change de fonction.

Accords

Le système immunitaire a été longtemps considéré comme indépendant des autres systèmes d'organes. Il devient au contraire évident, de nos jours, qu'il existe des relations intimes entre le système immunitaire, le système nerveux et le système hormonal.

Le stress, l'émotion affaiblissent notre défense immunitaire tandis qu'au contraire, les attitudes positives face à la vie fortifient le système immunitaire, le rend plus apte à combattre les maladies.

Mars, le héros de Fritz Zorn, nous dit comment il a été programmé à mourir de cancer par des parents cependant adeptes de « l'harmonie ». Les époux Simonton, dans leur ouvrage *Guérir envers et contre tout*, relatent comment une image mentale positive — celle de globules blancs digérant les cellules cancéreuses — semble bien venir à bout de tumeurs rebelles. Peu importe la morphologie de ces globules blancs imaginaires : crocodiles, piranhas, dents de la mer. Dès l'instant que ces dents sont justicières et gérées par le malade lui-même, elles provoquent une stimulation des défenses immunitaires. En fin de compte, les cellules tueuses « motivées » se retournent contre les cellules tumorales.

Mais les relations qui s'établissent entre système nerveux et système immunitaire restent délicates à interpréter et peu propices au contrôle expérimental. Néanmoins, peu à peu, des liens anatomiques et fonctionnels sont mis en évidence entre le système nerveux et le système immunitaire. Les chercheurs ont été très étonnés en découvrant, durant ces quinze dernières années, que des fibres nerveuses déversent des neurosécrétions (neuromédiateurs) au contact de cellules lymphoïdes aussi bien au sein du thymus que dans la rate et les ganglions lymphatiques. Ou encore, des lésions du cortex gauche peuvent amoindrir certaines réponses immunitaires (réponses à médiation cellulaire) alors que des lésions à droite auraient plutôt l'effet contraire.

La preuve a été faite que les cellules lymphoïdes possèdent des récepteurs membranaires pour la plupart des neuromédiateurs. De la sorte, diverses substances sécrétées par les nerfs sympathiques (substance P, p*eptide*, i*ntestinal*, v*asoactif*, enképhalines, etc.) modulent l'activité des cellules lymphoïdes ou encore les informent sur l'état de stress et les émotions (R. Dantzer).

Quelques exemples sont connus avec précision. Ainsi, l'innervation de la rate est nécessaire à la stimulation de la production d'anticorps par les lymphocytes B activés par un antigène bactérien. Ou encore, la substance P qui véhicule l'information « douleur » des organes périphériques vers le cerveau peut non seulement être captée par les cellules nerveuses, mais également par les lymphocytes (B et T) dont il semble qu'elle puisse moduler le fonctionnement. De même, la substance VIP initialement trouvée dans la paroi du tube digestif où elle régule la dilatation des vaisseaux sanguins (d'où son nom de peptide intestinal vasoactif), non seulement assure le transit de l'information entre viscères et cerveau, mais module également l'activité des cellules immunitaires NK humaines (voir p. 178, « Des cellules qui tuent »).

Dans certains cas, le système immunitaire peut lui aussi informer le système nerveux. Le plus bel exemple est celui de l'*interleukine 1* (Il 1) qui, comme les autres *interleukines*, est un messager sécrété par une cellule immunitaire à l'intention d'autres cellules immunitaires. Les interleukines font partie des lymphokines. Elles se différencient des autres lymphokines en particulier par leur nature peptidique. L'interleukine 1 est sécrétée par les éboueurs des tissus infectés ou enflammés (les macrophages) et va stimuler le fonctionnement des lymphocytes chargés de la synthèse des anticorps ou de la destruction de cellules.

Mais son rôle ne s'arrête pas là. Elle stimule les cellules nerveuses de l'hypothalamus, entraînant fièvre (l'interleukine 1 est le facteur pyrogène responsable de nos fièvres), sommeil et abattement. Elle peut encore intervenir en provoquant une réponse de type « réponse à un stress ». Elle stimule en effet la sécrétion par l'hypothalamus d'un facteur neurohormonal (CRF, *corticotropin releasing factor*) qui est aussi sécrété sous état d'agression sensori-nerveuse. Ainsi, l'état d'agression sensori-nerveuse et l'agression immunologique (maladie infectieuse) peuvent induire, par l'intermédiaire du CRF, une même réponse de l'organisme. En définitive, ce facteur CRF stimule la sécrétion de l'hormone ACTH par l'hypophyse. Cette hormone commande alors la production, par les glandes corticosurrénales, de *cortisol* ; hormone qui, avec l'adrénaline, est typiquement associée au stress et à ses symptômes (réactions neurovégétatives).

Enfin, pour éviter un emballement du système, qui conduirait à une réponse exagérée de l'organisme à l'atteinte immunologique, il existe une régulation qui freine la synthèse de l'interleukine 1. Par exemple, un taux élevé de cortisol inhibe

Interleukine 1 et agressions

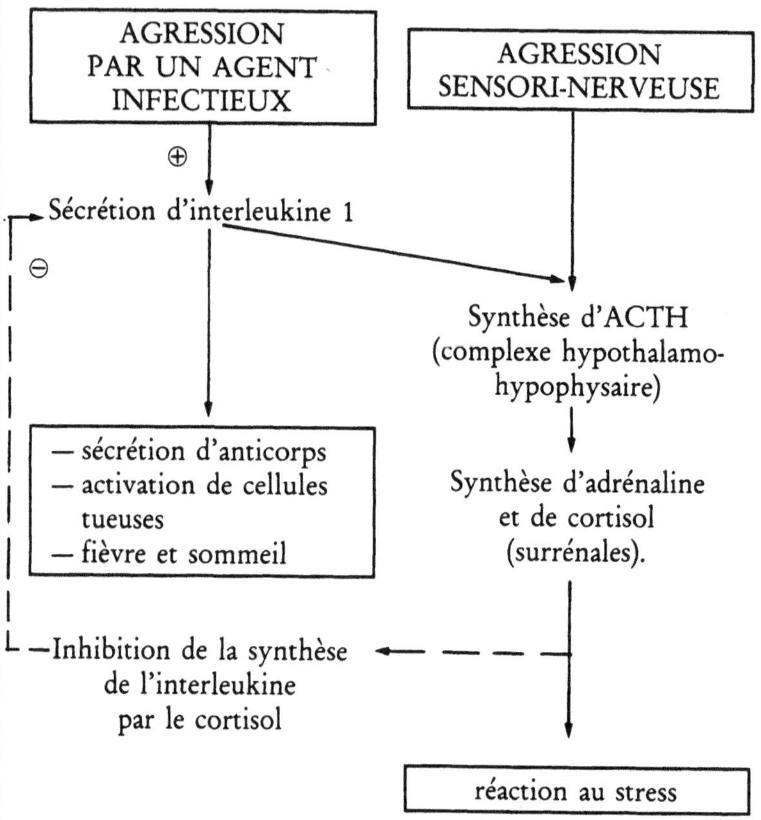

L'interleukine 1 instaure des interférences dans les mécanismes de réponse à une agression par un agent infectieux et à une agression sensori-nerveuse. Ces deux types d'agressions peuvent tout aussi bien déclencher les mécanismes de réaction au stress.

la synthèse de l'interleukine 1 par les macrophages. Dans ces conditions, on peut facilement comprendre comment cette voie de régulation peut elle-même devenir une voie d'inhibition du système immunitaire. En effet, une agression sensori-nerveuse importante provoque une synthèse excessive de cortisol qui peut inhiber (*via* l'interleukine 1) la réponse immunitaire. Ce dernier mécanisme montre que les cellules du système immunitaire peuvent aussi être la cible de l'action des hormones. Elles répondent en particulier aux hormones libérées au cours de l'état de stress : cortisol, adrénaline, morphines, hormones de la partie antérieure de l'hypophyse.

Les recherches sur les interleukines sont d'actualité et il reste encore beaucoup à comprendre des courants bidirectionnels qui sans cesse circulent entre systèmes nerveux, hormonal et immunitaire, les informant réciproquement des états de stress et de défense de l'individu.

*

La multiplicité des molécules fonctionnelles permet de répondre à la diversité des situations biologiques survenant à des époques différentes de la vie — développement embryonnaire, croissance, âge adulte — ou découlant de la régionalisation de l'organisme en organes fonctionnant dans des conditions physico-chimiques et informationnelles différentes. Chaque organe remplit en effet une mission propre dans un site défini et selon des modalités qui lui sont singulières.

La multiplicité des enzymes, celle des hormones ou celle des neuromédiateurs, puise souvent son origine dans une différenciation moléculaire des gènes gouvernant leur synthèse ; différenciation qui s'est installée au cours de l'évolution des espèces. Par ailleurs, la similitude de fonctionnement hormonal d'organes apparemment indépendants s'explique par leur origine embryonnaire commune. Ces données montrent que la multiplicité des molécules fonctionnelles découle de leur parenté soit phylogénétique, soit ontogénétique.

10

Les flux

Chaque être vivant est un système ouvert. Aussi est-il en relation, par l'intermédiaire de divers flux, avec le milieu physico-chimique et avec les autres êtres vivants. Les flux de matière et d'énergie, initialement issus du monde physique, cheminent d'un individu à l'autre au travers des réseaux trophiques[1].

Le vivant n'est pas seulement apte à convertir la matière organique d'une forme en une autre forme. Il assure aussi le passage crucial du monde minéral au monde organique.

De même, l'énergie est convertie en diverses formes : chimique, mécanique, électrique, lumineuse, au service de la résolution de problèmes spécifiques.

Enfin, des flux d'information peuvent être décelés sous des états aussi variés que la forme de molécules, l'information héréditaire ou encore la perception sensorielle et les signaux nerveux qu'elle engendre. Chaque être vivant apparaît à la fois comme un biotransformateur de la matière, de l'énergie et de l'information.

1. Ce chapitre aborde la notion particulièrement abstraite d'énergie. Il est d'une lecture plus délicate que les autres mais une simplification plus grande aurait — à notre point de vue — dévalorisé son contenu.

Le flux de matière et le flux d'énergie

La porte d'entrée de la matière et de l'énergie lumineuse dans le monde vivant se trouve être les végétaux verts, êtres vivants capables de s'accroître (d'accroître leur masse) à partir d'éléments minéraux et de l'énergie lumineuse.

Les végétaux verts (producteurs primaires de biomasse) sont la base alimentaire des autres êtres vivants incapables de transformer le minéral en organique et seulement aptes à transformer l'organique (le mangé) en un autre organique (le mangeur). Les animaux herbivores élaborent une biomasse de deuxième génération (productivité secondaire). Puis, selon une logique implacable, le mangeur est mangé ; les herbivores nourrissent les carnivores (producteurs secondaires de deuxième ordre). Le long des chaînes alimentaires circulent conjointement de la matière et de l'énergie.

En ce qui concerne la matière, les rendements de transformation sont faibles. Un enfant de 48 kg, situé en fin de chaîne trophique, devrait déguster quatre veaux et demi (1 035 kg) par an s'il se nourrissait exclusivement de viande. Ces veaux, broutant et ruminant de concert, auraient eux-mêmes consommé, pour atteindre ce poids, 20 millions de pieds de luzerne soit 8,2 tonnes.

De même que le flux d'énergie, qui prend naissance au sein du soleil, diminue fortement au travers de chaque niveau trophique, de même le mangeur n'assimile que 10 % environ de l'énergie présente stockée sous forme chimique dans le mangé. Une partie de l'énergie circulant d'un organisme à l'autre est utilisée à la synthèse des molécules du vivant, l'autre partie est investie dans des mécanismes vitaux.

Plus les chaînes alimentaires sont longues, plus faible est le rendement global. Reste à l'Homme contemporain de savoir tirer un bon usage de son régime omnivore (possibilité de se

L'énergie en quelques mots

La notion d'énergie peut être saisie intuitivement si l'on considère que l'énergie est « ce qui permet à un système de fournir du travail ». En d'autres termes, un système se met à produire du travail lorsqu'il met en œuvre une énergie qu'il contient. Par exemple, un barrage hydraulique fournit un travail lorsqu'une partie de la masse d'eau retenue se trouve libérée par l'ouverture d'une vanne et qu'elle s'écoule sous l'effet de la pesanteur. Le courant d'eau peut alors produire un travail.
L'énergie permet la construction des structures d'un système puis leur fonctionnement.

La mise à disposition d'énergie
Pour être fonctionnelle, l'énergie doit se présenter sous une forme utilisable par le système envisagé. Dans le vivant l'énergie est mise à disposition de la cellule par une molécule spécialisée : l'ATP. L'énergie est contenue dans une des liaisons chimiques de cette molécule. Elle est cédée en cas de besoin.

Le transfert d'énergie
Le terme de transfert est réservé au cas où l'énergie, sans changer de forme, passe d'un élément du système à un autre élément. Par exemple, l'énergie contenue dans les liaisons chimiques d'une molécule de glucose peut être libérée pour servir à la synthèse de l'ATP. Puis l'ATP peut lui-même restituer de l'énergie pour la construction d'autres liaisons chimiques.

Conversion d'énergie et forme d'énergie
Les conversions permettent de passer d'une forme d'énergie à une autre. Notre vie domestique en est riche d'exemples : conversion de l'énergie électrique en énergie lumineuse, mécanique ou calorifique.
Comme les systèmes technologiques, le vivant est capable de convertir les formes d'énergie.

comporter en consommateur tant de végétaux que d'animaux) et de faire choix d'une industrie agro-alimentaire qui non seulement tient compte des rendements des chaînes trophiques, mais également des coûts d'une technologie de plus en plus lourde et sophistiquée, tendant à soustraire son alimentation à l'influence des saisons et aux lieux où il vit.

La notion de « chaîne trophique » demeure bien théorique face au spectacle des échanges dans la nature. Les régimes varient d'un âge à l'autre au cours de la vie d'un individu et cela de façon parfois spectaculaire dans les cas de métamorphose. De plus, le régime d'une espèce ne constitue pas un monopole et de mêmes aliments sont communs au régime de plusieurs espèces. De la sorte, il devient plus approprié de parler de « réseaux » trophiques plutôt que de « chaînes ». Les relations nutritionnelles constituent des trames complexes aux nœuds multiples, au travers desquelles circulent matière et énergie.

L'approvisionnement du monde vivant en éléments chimiques de base ne peut se comprendre qu'à une échelle géochimique (chimie du globe terrestre). L'interdépendance, dans la nature, entre le monde vivant et les ressources chimiques qui nous entourent est particulièrement bien illustrée par les cycles dans la nature du carbone et de l'azote qui sont deux constituants fondamentaux du vivant (rappelons que le carbone est présent dans toutes les molécules biologiques, tandis que l'azote est un composant majeur des protéines).

La principale voie d'entrée du carbone dans le monde vivant est le gaz carbonique (CO_2) pris en charge au cours de la *photosynthèse* (voir p. 210, « Du minéral à l'organique »). La réserve de CO_2 atmosphérique semble provenir initialement de l'intense activité volcanique qui régnait au début de l'histoire de la Terre. Puis, peu à peu, se sont constituées d'énormes réserves carbonées fossiles résultant de l'activité millénaire des êtres vivants et remises en mouvement par divers processus qui sont autant de voies possibles de retour du CO_2 dans l'atmosphère :

1. dissolution naturelle des carbonates de récifs coraliaires, érosion et lessivage des chaînes de montagnes calcaires;

2. exploitation industrielle des roches carbonées (charbon, pétrole);

3. activité respiratoire des êtres vivants.

La principale forme d'entrée de l'azote dans le monde vivant est la forme nitrique (NO_3^-) utilisée par les végétaux verts. Il peut être étonnant que le choix du vivant se soit tourné vers cette forme minérale de l'azote alors qu'il existe une énorme réserve potentielle d'azote (N_2) dans l'air. Mais cette forme n'est pas directement utilisable par les végétaux.

Cependant certaines bactéries, libres ou vivant en symbiose avec quelques végétaux (voir p. 45, « L'emprunt des technologies »), sont capables d'utiliser l'azote atmosphérique. Le processus en jeu est nommé « fixation biologique de l'azote atmosphérique ». Ces bactéries réduisent directement l'azote atmosphérique en ions ammonium ($N_2 \rightarrow NH_4^+$). Cette forme permet alors l'incorporation de l'azote dans les acides aminés (fonction amine = $-NH_2$) et les protéines de la bactérie. Dans le cas des symbioses, le végétal lui-même est bénéficiaire de ces synthèses.

A la mort de ces bactéries et de ces végétaux, l'azote est minéralisé, sous forme de nitrates, par l'activité dans le sol de quelques micro-organismes spécialisés. Dès lors ces nitrates sont utilisables comme source d'azote par tous les végétaux. Ce cycle de l'azote dans le monde vivant n'est donc alimenté que par le canal étroit de la fixation biologique.

Ces équilibres ont radicalement été modifiés depuis le début du siècle par la synthèse industrielle (en 1905) de l'ion ammonium (NH_4^+). L'utilisation d'engrais azotés chimiques est maintenant classique en agronomie moderne. Il est cependant regrettable que leur utilisation effrénée, destinée à accroître les rendements au service de la croissance démographique humaine, mette en péril les équilibres naturels. En particulier, les engrais lessivés par les pluies gagnent les réserves d'eau, tuent alors la faune aquatique, entraînent un développement exagéré d'algues qui asphyxient le milieu. Enfin, les nitrates polluent les nappes souterraines exploitées pour l'alimentation humaine.

Cette brève introduction aux cycles de la matière et de l'énergie dans la nature révèle que, par la même voie végétale, des molécules minérales sont transformées en molécules organiques et que de l'énergie lumineuse est transformée en énergie chimique. Les molécules qui prennent naissance grâce à la photosynthèse sont tout à la fois des molécules constitutives et énergétiques. Ces molécules (en particulier les glucides mais aussi les lipides) peuvent être reprises au cours des processus respiratoires, tant chez les végétaux que chez les animaux qui s'en nourrissent. Dès lors, le vivant issu du monde inanimé peut se comporter en remarquable transformateur de formes énergétiques, passant allégrement de l'énergie chimique à l'énergie mécanique, de l'énergie chimique à l'énergie électrique, de l'énergie chimique à l'énergie lumineuse.

Du minéral à l'organique

Nous avons déjà dit (voir p. 31, « L'approvisionnement et la pénurie en matières premières ») comment les êtres vivants précurseurs des végétaux, puis les végétaux eux-mêmes, étaient parvenus à puiser des molécules oxydées (gaz carbonique = CO_2, nitrates = NO_3^-, sulfates = SO_4^{2-}, etc.) dans le monde minéral et à les transformer en groupements réduits ($-CHOH$, $-CH_3$, $-NH_2$, $-SH_2$, etc.). La « réduction » consiste à enrichir une molécule en électrons (souvent ce gain d'électrons s'accompagne d'un gain d'hydrogène ou d'une perte d'oxygène). Les groupements réduits sont susceptibles d'entrer les uns ou les autres dans la composition de glucides, lipides, protides et acides nucléiques constituant le vivant.

L'originalité du monde végétal est précisément de s'être doté de la photosynthèse, mécanisme particulièrement efficace de transformation (réduction) des substances minérales, puisées dans le milieu, en substances organiques constituant les végétaux. Dans les cellules, les électrons nécessaires aux réductions sont convoyés par quelques molécules spécialisées. L'une des plus efficaces est le NADP *(nicotinamide adénine di-nucléotide phosphate).* C'est en fait une molécule de transport et de transfert à la fois d'électrons et de protons (e^- et H^+ ayant leur transport, par cette molécule, associé). Cette molécule passe facilement de la forme oxydée (NADP) à la forme réduite (NADPH ; enrichissement en électrons). Pour réaliser cela, il faut premièrement un stock d'électrons disponibles, deuxièmement que ces électrons soient suffisamment énergétiques pour réduire le NADP.

La mise à disposition d'électrons

Les premiers processus photosynthétiques ont été inventés très tôt voici 2 milliards 600 millions d'années par les premières bactéries photosynthétisantes avant même que n'existent les premiers végétaux. Le système est astucieux. Les particules lumineuses (photons), en provenance du soleil, en heurtant les molécules de pigments photosensibles (ici, bactériochlorophylles), leur arrachent un électron qui se voit propulsé à un niveau énergétique élevé, instable, qui le rend réactionnel. Cette réactivité permet à l'électron de se fixer sur un récepteur qui ne tarde pas lui-même à céder l'électron à une chaîne de transporteurs dont le dernier est le NADP.

Le déficit en électrons de la chlorophylle heurtée par les photons doit être compensé par un don venant de la réserve environnante. Chez les bactéries, la réserve est représentée par une molécule réductrice (souvent H_2S) chez laquelle les électrons sont maintenus avec moins de force qu'ils ne sont demandés par la chlorophylle. De la sorte, ils passent spontanément de l'une à l'autre et la photosynthèse peut continuer à fonctionner. En résumé, le bombardement incessant des chlorophylles par le rayonnement lumineux expédie les électrons vers un haut niveau en énergie exigé pour sa prise en charge par le transporteur NADP. En d'autres termes, au cours de la photosynthèse, la synthèse du NADP réduit (convoyeur d'électrons) se fait grâce à l'énergie lumineuse captée par les chlorophylles.

Le système photosynthétique que nous venons de décrire (appelé SP I) reste néanmoins dépendant de la nature du réservoir à électrons. En effet, la molécule H_2S est localisée dans les seuls endroits réducteurs, des eaux faiblement oxygénées, où les bactéries photosynthétiques restent inexorablement cantonnées.

Plus tardivement, d'autres bactéries ont perfectionné le système en utilisant une source inépuisable d'électrons, l'eau : en effet l'eau (H_2O) peut se décomposer en $1/2\ O_2 + 2H^+ + 2e^-$. Malheureusement, ces électrons ne sont pas utilisables par le système SP I (contrairement à ceux qui proviennent de H_2S) parce qu'ils ne sont pas suffisamment énergétiques pour alimenter ce système.

Chez ces nouvelles bactéries *(Cyanobactéries)* est apparu un nouveau système photosynthétique (SP II) qui, bien que fonctionnant comme SP I, a l'avantage d'utiliser directement les électrons venant de l'eau pour la régénération de la chlorophylle. Les électrons de SP II exités par la lumière ont quant à eux suffisamment d'énergie pour régénérer SP I ; ils remplacent donc l'ancienne source H_2S. Les deux systèmes SP I et SP II ont donc été mis astucieusement en série par le vivant.

En résumé, la source primitive d'électrons énergétiques (H_2S) est remplacée par SP II qui active les électrons provenant de l'eau pour en alimenter SP I.

Plus tard, ce couplage entre SP II et SP I réalisé chez les Cyanobactéries se retrouve dans les *chloroplastes* (voir p. 270, annexe « Cellule ») des algues et des végétaux supérieurs. Il est d'ailleurs fort probable qu'à leur début les algues ont dérivé de cellules

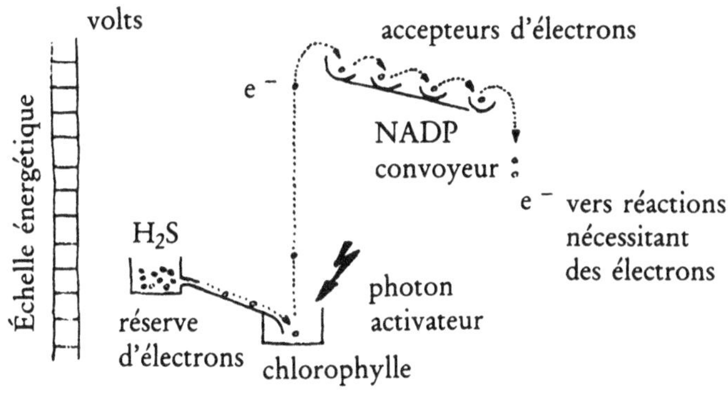

SYSTÈME SP I

L'exemple pris est celui des bactéries utilisant H_2S comme réserve d'électrons.
1. Les photons arrachent un électron à la chlorophylle.
2. L'électron activé (enrichi en énergie) est capté par un accepteur. En fin de chaîne, cet électron réduit le NADP qui devient la molécule de mise à disposition des électrons.
3. Pendant ce temps, la chlorophylle est rechargée en électrons par une réserve environnante (exemple H_2S).

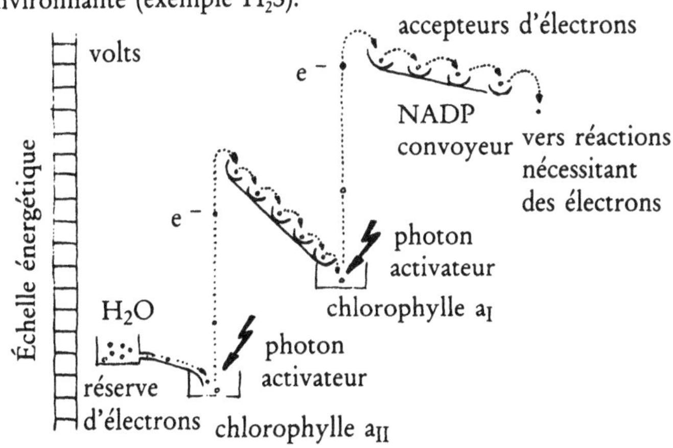

SYSTÈME SP II ET SON COUPLAGE AVEC SP I

Exemple des algues et végétaux supérieurs.
1. Les photons arrachent un électron à la cholorophylle a II.
Ce système peut être couplé à SP I. Chez les algues et les végétaux supérieurs, il se substitue alors à la source (H_2S) d'électrons utilisée jusqu'alors par les bactéries.
2. Pendant ce temps, la chlorophylle est rechargée en électrons par la réserve environnante (ici H_2O).

ayant phagocyté des bactéries photosynthétiques. Ces bactéries seraient les ancêtres lointains des chloroplastes actuels, organites cellulaires spécialisés dans la réalisation de la photosynthèse (voir plus loin, p. 218).

Ces chloroplastes présentent une structure adaptée à la capture des rayons lumineux. Ils contiennent en particulier des unités de fonctionnement photosensibles (les *thylakoïdes*) dans lesquels sont contenus les pigments.

C'est dans les thylakoïdes que les électrons sont prélevés de l'eau par photolyse. Sous l'action des photons, l'eau est scindée en oxygène (O_2) + électrons (e^-) + protons (H^+). Ces protons s'accumulent dans le thylakoïde où ils s'ajoutent à ceux apportés de l'extérieur par la chaîne de transport des électrons. Ils participent ensuite au flux de protons qui permet la synthèse de l'ATP.

Pour ce qui est du couplage entre les deux systèmes chlorophylliens, le transfert d'électrons de l'un à l'autre se fait au travers d'une chaîne de transporteurs situés dans la membrane des thylakoïdes. Chaque transporteur est plus avide en électrons que le précédent. La succession de certains de ces transporteurs qui contiennent du fer, du cuivre ou du manganèse *(cytochromes)*, se comporte comme un conducteur de courant électrique. Cependant, d'autres transporteurs sont dépourvus d'ions métalliques (par exemple, les *quinones*), aussi ne peuvent-ils accepter l'arrivée des électrons que si ceux-ci sont accompagnés de protons (H^+) assurant la neutralité électrique.

En fin de compte, les systèmes photosynthétiques permettent la synthèse de NADP réduit — forme de mise à disposition des électrons — qui, au service de la cellule végétale, va donc céder ses électrons à une molécule minérale oxydée pour la transformer en précurseur réduit d'une molécule organique.

Cependant nous devons aussi nous préoccuper du besoin en énergie que nécessite la transformation du monde minéral en monde organique. En effet, le transfert vers les molécules minérales des électrons maintenant convoyés par le NADP réduit nécessite de l'énergie.

La mise à disposition d'énergie

Cette énergie est fournie par une molécule particulièrement apte dans le vivant à céder son énergie ; elle est dite pour cette raison molécule de transfert de l'énergie. Il s'agit d'une forme chimique de mise à disposition de l'énergie au service de la cellule. Cette molécule est l'ATP (*adénosine triphosphate*, encore écrit A-P-P-P = adénosine-phosphate-phosphate-phosphate. Voir p. 216, « Le transfert d'énergie »).

Dans les chloroplastes, cet ATP est précisément synthétisé aux côtés du NADP réduit. Il ne quitte pas le chloroplaste pour gagner le reste de la cellule. Il est utilisé sur place pour fournir l'énergie nécessaire à l'activation de diverses molécules (briques de construction et catalyseurs) participant à l'élaboration des molécules organiques.

La synthèse de l'ATP est la conséquence d'un mouvement de protons provoqué au travers de la membrane du thylakoïde. En effet, les transporteurs d'électrons dont nous parlions plus haut sont situés dans la membrane des thylakoïdes et se comportent en motopompes. L'entraînement des motopompes par les électrons provoque un mouvement de protons de l'extérieur vers l'intérieur du thylakoïde. Dès lors, les protons sont concentrés à l'intérieur et exercent une pression (pression osmotique) qui tend à les faire ressortir pour rétablir l'équilibre des concentrations. Ils s'engouffrent alors dans une vanne, qu'ils activent, et qui n'est autre qu'une enzyme assurant la synthèse d'ATP. Cet ATP va rester dans le chloroplaste. Il met à disposition l'énergie nécessaire à l'activation de diverses molécules participant, aidant à l'élaboration des molécules organiques.

Ainsi, le chloroplaste est un remarquable transformateur d'énergie. Tour à tour, l'énergie électromagnétique des photons solaires est transformée en énergie électrique (courant d'électrons). Puis cette énergie est elle-même transformée en énergie osmotique (mise en mouvement des protons). Enfin, cette énergie est elle-même transformée en énergie chimique (synthèse d'ATP).

En résumé, le chloroplaste est le lieu privilégié de passage du monde minéral au monde organique. Le NADP réduit offre les électrons nécessaires à la transformation (réduction) des molécules minérales en molécules organiques tandis que l'ATP fournit l'énergie nécessaire à l'activation énergétique des molécules impliquées dans cette transformation.

Le monde vivant doit rendre ses lettres de noblesse au chloroplaste ou plus précisément au système photosynthétique PS II car, sans lui, la profusion de biomasse émergée du monde minéral n'existerait pas. Les molécules organiques sortant des chloroplastes recèlent en elles-mêmes tant la matière que l'énergie nécessaires à la croissance des êtres vivants.

Le transfert d'énergie

Le vivant a besoin d'énergie pour fonctionner. Cette énergie est mise à disposition, à la demande de la cellule, par des molécules spécialisées dans la fonction de transfert. Ces molécules sont particulièrement aptes à accueillir puis à céder l'énergie nécessaire aux réactions telles la synthèse de certains composés organiques, l'assemblage des macromolécules, l'activation de molécules, le transport actif de substances au travers des membranes cellulaires, la contraction musculaire, la propagation de l'influx nerveux et la production d'électricité.

La principale molécule spécialisée par le vivant dans la fonction de mise à disposition de l'énergie ($\mathcal{E}$) est l'ATP. L'ATP est synthétisé à partir d'ADP (*adénosine diphosphate*, encore écrit

Les transformations d'énergie
au cours de la photosynthèse

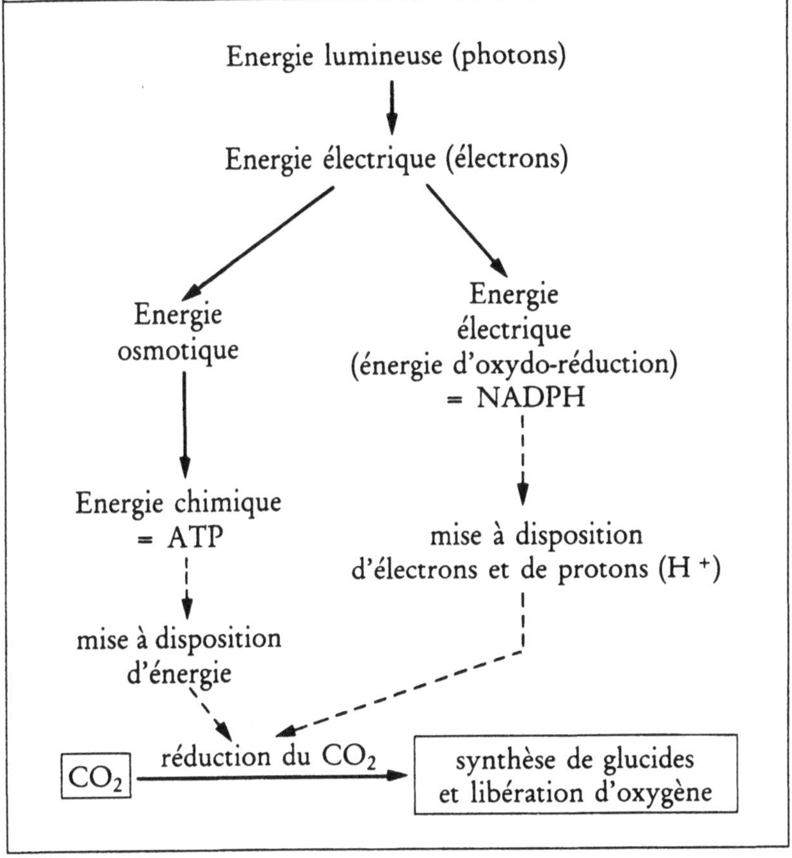

A–P–P = adénine-phosphate-phosphate) et d'un groupement P (phosphate) ; selon l'équation : ADP + P + $\mathcal{E} \rightarrow$ ATP. Cette molécule était déjà synthétisée par les premières cellules de la soupe primitive capables de fermenter. Au cours de la fermentation, des molécules — tel le glucose — sont oxydées et libèrent une part de leur énergie. Cette énergie est reprise par les molécules d'ATP en cours de synthèse. Cependant, le rendement des fermentations est faible et il faut beaucoup de glucose pour fabriquer quelques molécules d'ATP. En effet, au cours des fermentations, les molécules alimentaires ne sont pas totalement oxydées, aussi ne libèrent-elles qu'une part de l'énergie emprisonnée dans leurs liaisons entre atomes ou entre groupements chimiques.

De nos jours encore, un certain nombre de cellules ont conservé le type fermentaire, soit qu'il constitue leur mode de fonctionnement exclusif, comme pour certaines bactéries, soit qu'il représente un recours possible, comme chez les cellules végétales (par exemple, les levures) ou animales (par exemple, les cellules musculaires) lorsqu'elles sont soumises à un déficit en oxygène respiratoire. Cependant, le processus moderne de synthèse de l'ATP — inventé voici maintenant deux milliards d'années par certaines bactéries ! — est la respiration.

La respiration permet une synthèse intensive d'ATP. Son rendement est plus élevé que celui de la fermentation. Au cours de la respiration, une molécule de glucose (aliment énergétique de base de la cellule) permet la synthèse d'un grand nombre de molécules d'ATP, soit trente-six contre seulement deux au cours de la fermentation.

Dans les cellules végétales ou animales, la respiration est assurée par les *mitochondries* (voir p. 270, annexe « Cellule »). Ces organites présentent des analogies de structure avec les bactéries. Ils seraient des descendants lointains de premières bactéries particulièrement aptes à respirer. Ces bactéries ancestrales auraient colonisé les premières cellules, les faisant alors bénéficier de leur technologie.

Les mitochondries assurent la synthèse d'ATP à partir de l'énergie que sont susceptibles de libérer les molécules organiques (en particulier les glucides). Ces molécules organiques sont issues soit de la photosynthèse chez les végétaux, soit de l'alimentation (végétale et animale) chez les animaux. Dans une mitochondrie, les molécules sont dégradées, oxydées avec perte d'électrons. Les électrons sont pris en charge par une chaîne de transporteurs. Les transporteurs sont situés dans la membrane

Synthèse d'ATP au cours de la respiration

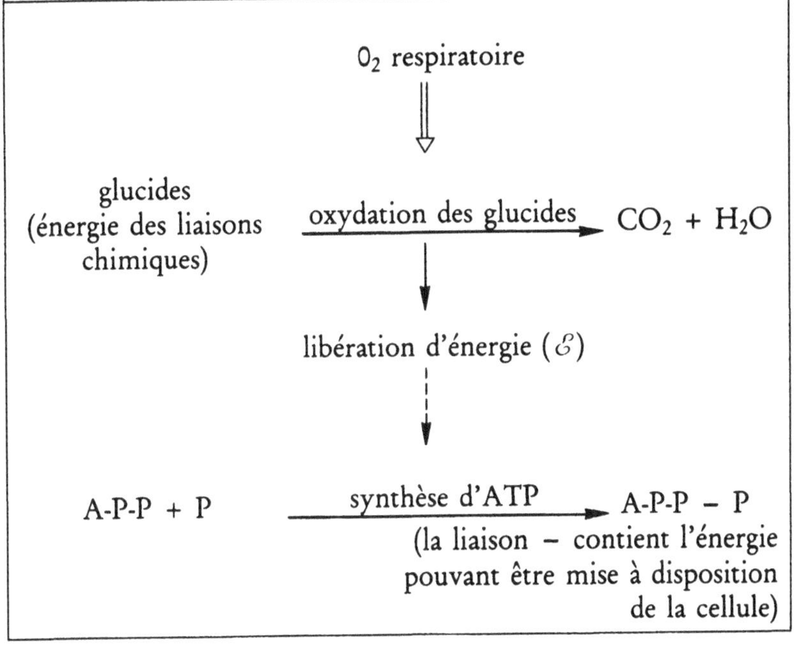

qui délimite la mitochondrie, et, pour certains d'entre eux tout au moins, le transfert d'électrons s'accompagne d'un déplacement de protons de l'intérieur vers l'extérieur de la mitochondrie (ou plus précisément de la matrice vers l'espace transmembranaire). Tout se passe en effet comme si ces transporteurs se comportaient en motopompes (pompes à protons). L'entraînement des motopompes par les électrons provoque la sortie des protons. Il s'ensuit un déficit de protons. Ce déficit crée un gradient osmotique. Ce gradient fait naître une force qui met les protons en mouvement et tend à les faire revenir à l'intérieur de la mitochondrie. Les protons pénètrent par une vanne qu'ils activent et qui est une enzyme assurant la synthèse de l'ATP. Une faible partie de cet ATP est conservée par la mitochondrie pour son fonctionnement, mais l'essentiel sort de la mitochondrie et se distribue au service de toute la cellule.

L'ÉVOLUTION DU MÉTABOLISME,
ou la parenté entre bactéries, chloroplastes et mitochondries.

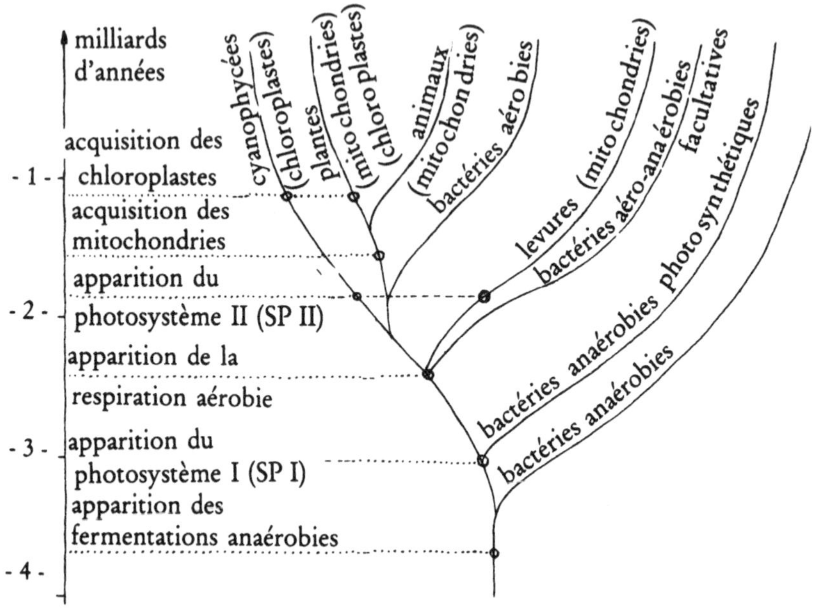

Chronologie soulignant les périodes :
1. d'invention de la fermentation ;
2. d'invention de la respiration ;
3. d'invention des systèmes photosynthétiques SP I puis SP II ;
4. de la colonisation hypothétique des cellules eucaryotes par des ancêtres de la mitochondrie (respiration) ;
5. de la colonisation hypothétique des cellules végétales par des ancêtres du chloroplaste (SP I + SP II).

En résumé, au cours de la fermentation ou de la respiration, l'énergie contenue dans les aliments énergétiques est transférée à la molécule d'ATP qui constitue « la forme de mise à disposition de l'énergie » qui sera utilisée par la cellule en fonction de ses besoins.

Dans la cellule, l'ATP assure le transfert d'énergie d'une réaction qui en libère à une réaction qui en nécessite. L'ATP capte l'énergie libérée au cours de la première réaction (*exergonique*) et la met au service de la deuxième réaction (*endergonique*). En d'autres termes, l'énergie libérée ($\mathcal{E}_1$) au cours de la première réaction permet la synthèse d'ATP à partir d'ADP et P (A-P-P + P + $\mathcal{E}_1$ → A-P-P-P). L'énergie transférable se situe au niveau de la dernière liaison P-P. L'énergie nécessaire ($\mathcal{E}_2$) à la deuxième réaction est obtenue par l'hydrolyse de l'ATP qui la libère de sa dernière liaison (A-P-P-P → A-P-P + P + $\mathcal{E}_2$).

Par ce transfert, l'ATP peut activer une molécule. Il peut par exemple servir à activer des molécules ou des groupements chimiques qui deviendront alors aptes à interagir avec d'autres molécules ou d'autres groupements pour former un nouvel édifice moléculaire. En fait, l'activation se fait par *phosphorylation* de l'une des substances devant interagir (par exemple, la liaison d'une molécule de glucose avec une molécule de fructose nécessite la phosphorylation du glucose : glucose + ATP → glucose-P + ADP. Ensuite glucose-P et fructose interagissent en donnant « glucose-fructose » + P).

Dans d'autres cas, l'ATP peut activer une enzyme (activation par phosphorylation : enzyme inactive + ATP → « enzyme-P » active + A-D-P). Cette enzyme devient alors capable d'autoriser, de favoriser (catalyse) la réaction entre deux autres molécules. De très nombreuses enzymes hautement spécifiques sont dépendantes de l'énergie chimique pour leur fonctionnement. C'est toujours le même visage énergétique, celui de l'ATP, qui est utilisé. Ainsi, le vivant a su se doter d'une forme énergétique polyvalente passe-partout, apte à servir des réactions biochimiques multiples mais chacune hautement spécifique.

Les conversions d'énergie

L'énergie contenue dans les molécules organiques, soit construites au cours de la photosynthèse par les végétaux, soit puisées dans l'alimentation par les animaux, est transférée à l'ATP au cours de la respiration ou de la fermentation. C'est cette énergie chimique, contenue dans l'ATP, qui est convertie en d'autres formes selon les besoins du vivant.

De l'énergie chimique à l'énergie mécanique

La contraction musculaire met en jeu une énergie mécanique capable d'actionner nos membres organisés en leviers. Elle est due à un déplacement de filaments de myosine, molécule contractile, par rapport à des filaments d'actine, molécule d'ancrage sur laquelle s'arc-boute la myosine (voir p. 40, « Les auto-assemblages »). Les filaments de myosine peuvent être représentés par des chaînes de cannes qui en se cintrant peuvent crocheter, avec leur crosse, une des perles-godets de la chaîne d'actine.

Le cintrage de la canne nécessite de l'énergie. Celle-ci est empruntée à de l'ATP qui, venu se fixer sur la crosse de myosine, est hydrolysé en ADP+P. C'est cette présence de l'ADP et du P sur la crosse qui provoque son changement de conformation. A cet instant a lieu la conversion de l'énergie chimique en énergie mécanique. Le cintrage entraîne un raccourcissement de la molécule de myosine. Ainsi s'effectue un mouvement élémentaire de la myosine par rapport à l'actine. Puis l'ADP et le P quittent la crosse de la canne qui se détend et reprend sa position de repos, se libère de la perle-godet : une part d'énergie est alors dissipée en chaleur. La dépense en énergie de la cellule musculaire est encore accrue par le fait que la

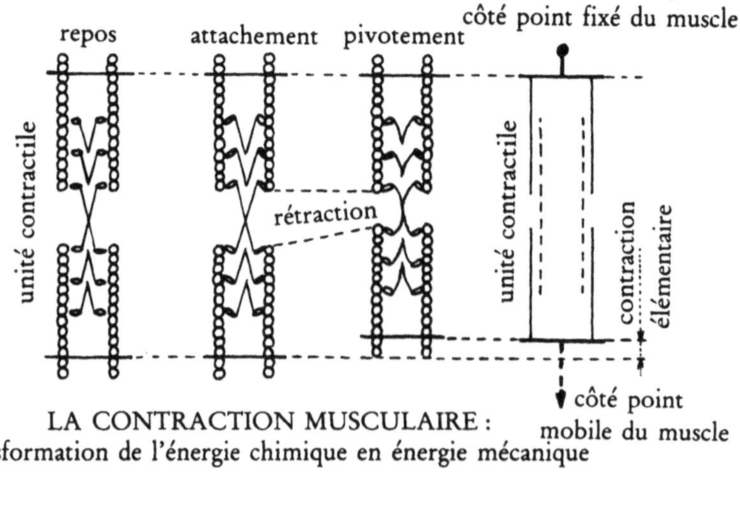

LA CONTRACTION MUSCULAIRE :
transformation de l'énergie chimique en énergie mécanique

contraction a lieu en présence d'un taux élevé d'ion calcium (Ca^{2+}), tandis que la relaxation est possible pour un taux faible en ion calcium. Aussi, sans cesse, le taux de calcium est régulé par des pompes qui puisent le calcium dans le cytoplasme, où se trouvent les filaments contractiles, pour l'évacuer dans des compartiments intermembranaires (réticulum). Ces pompes ioniques nécessitent une dépense d'ATP.

Pendant le retour au repos d'une crosse, ailleurs, le long du même filament, une autre canne s'engrène dans une autre perle-godet, assurant ainsi un autre mouvement élémentaire. Ce processus répété çà et là le long des filaments provoque un glissement global des molécules l'une par rapport à l'autre. Il faut comprendre que le mécanisme n'est efficace que par la mise en série d'un grand nombre de cannes. Chaque chaîne de myosine comprend deux séries de cent têtes distantes entre elles de 14,3 nanomètres (un nanomètre = 0,001 micromètre). Chaque mouvement élémentaire (cintrage d'une canne) provoque un glissement d'une dizaine de nanomètres. Dans chaque cellule musculaire le mouvement est amplifié par la mise en série de dizaines d'unités fonctionnelles. A ce niveau d'organisation, la contraction d'une cellule est de l'ordre de 0,1 à 1 micromètre. Il suffit que dans un muscle des milliers de cellules ajoutent bout à bout leur effet pour provoquer des contractions de l'ordre du millimètre ou du centimètre. Les effets de levier de nos articulations font le reste, transformant ces déplacements en gestes pouvant atteindre une ampleur de l'ordre du mètre, assurant ainsi déplacements, manutentions, etc.

La cellule musculaire est très dépensière en énergie. Aussi, outre la régénération des molécules d'ATP grâce à la respiration, le vivant s'est adapté pour restituer son stock au plus vite. Il existe dans la cellule musculaire deux voies rapides de remise à disposition de l'ATP.

La première voie rapide consiste à redonner une molécule d'ATP en recyclant deux molécules d'ADP (molécule reliquat de l'utilisation de l'ATP).

A-P-P + A-P-P → A-P-P-P + A-P
(ADP) (ADP) (ATP) (AMP)

La seconde voie consiste à adjoindre à une molécule d'ADP, un groupement phosphate (-P) emprunté à une molécule elle-même phosphorylée (la créatine-phosphate).

A-P-P + créatine-P → A-P-P-P + créatine
(ADP) (ATP)

D'autre part, il est à souligner que les mécanismes de régénération de l'ATP, soit par les voies rapides, soit par la voie de la respiration cellulaire, ainsi que les mouvements de contraction et de relâchement des molécules actine et myosine se font avec une perte d'énergie calorifique. Cette perte se manifeste par le dégagement de chaleur, bien connu, lors de l'exercice musculaire. Ainsi, consécutivement à la conversion de l'énergie chimique en énergie mécanique, s'effectue aussi une conversion en énergie calorifique.

De l'énergie chimique à l'énergie électrique

Les systèmes vivants savent mettre à profit l'énergie électrique. Cette forme d'énergie se manifeste au niveau des membranes cellulaires par une différence de potentiel (une tension électrique) entre le côté intracellulaire et le côté extracellulaire. La différence de potentiel est due à une répartition hétérogène, différentielle, de charges électriques à l'intérieur et à l'extérieur des cellules. La dissymétrie est due en premier lieu à un excès de charges négatives à l'intérieur de la cellule (les protéines en particulier se trouvent globalement sous forme polyanionique dans les conditions d'acidité (pH) du milieu intracellulaire). Cette dissymétrie est accrue de façon dynamique par une molécule-pompe transmembranaire qui transporte les ions potassium (K^+) de l'extérieur vers l'intérieur de la cellule et les ions sodium (Na^+) de l'intérieur vers l'extérieur. Les transferts sont tels ($3K^+$ pour $2Na^+$) qu'en définitive, il existe à l'intérieur de la cellule un déficit de charges positives responsables de la différence de potentiel. Le fonctionnement de la pompe nécessite de l'énergie ; celle-ci est fournie par une consommation d'ATP. C'est à cet instant qu'a lieu la conversion d'énergie qui nous intéresse ici ; elle permet l'obtention d'énergie électrique à partir d'énergie chimique.

Bien que ce potentiel nécessite une dépense d'énergie de la part de la cellule, il est dit « de repos » en cela qu'il est l'état stationnaire, l'état habituel de la cellule dans lequel elle se maintient en dehors de toute excitation extérieure.

Ce potentiel de repos prend en fait tout son sens en cas d'une excitation de la cellule. Divers stimuli mécaniques, électriques ou chimiques, peuvent provoquer cette excitation.

L'exemple le plus spécifique est celui de l'excitation d'une cellule nerveuse par un neuromédiateur. Dans ce cas, la substance provoque une modification transitoire de la perméabilité de la membrane aux ions (analogie avec l'ouverture de la vanne d'un barrage). L'ion Na^+ pénètre massivement (sans nécessité de consommation d'ATP) et rapidement dans la cellule. Il s'ensuit, en une milliseconde, une inversion de la polarisation de la membrane, la face interne étant alors positive par rapport à la face externe. Puis, tandis que l'entrée de l'ion Na^+ s'interrompt, l'ion K^+ sort de la cellule ; au bout de deux à trois millisecondes, il s'ensuit une nouvelle inversion de la distribution des charges. L'excès de charges positives à l'extérieur de la membrane devient même supérieur à ce qu'il est au repos (la membrane est dite hyperpolarisée). Il s'installe une période réfractaire de quatre à cinq millisecondes où la cellule nerveuse ne peut plus être excitée. Après ce laps de temps, la pompe ionique a permis le retour à l'état de repos (analogie avec la remontée active des eaux d'un barrage par une motopompe). La cellule peut à nouveau répondre à une excitation. Ainsi les cellules nerveuses peuvent répondre à une centaine d'excitations par seconde. Cette haute performance mise au service de nos comportements souligne la rapidité de fonctionnement de la pompe et la grande disponibilité de l'énergie contenue dans l'ATP.

Dans le cas d'une cellule nerveuse, les fibres qui prolongent la cellule (dentrites dans le sens centripète et axone dans le sens centrifuge) présentent la propriété de laisser se propager, sous la forme d'une onde, la perturbation électrique provoquée par une stimulation (la perturbation crée une nouvelle perturbation à sa proximité). De la sorte, le signal (*potentiel d'action*) se propage le long de l'axone. Arrivé à son extrémité, il provoque la libération d'un neuromédiateur qui, à son tour, excite soit une autre cellule nerveuse, soit un muscle.

L'énergie électrique, née de la conversion de l'énergie chimique contenue dans l'ATP, est utilisée de diverses façons par le vivant. Celui-ci en fait soit un usage qualitatif, soit un usage quantitatif.

Les signaux nerveux émanant de nos organes sensoriels présentent un intérêt qualitatif. Ce ne sont autres que des trains d'ondes de dépolarisation des membranes des cellules nerveuses. Ils naissent dans les cellules neurosensorielles, sensibles sur une face à une stimulation de l'environnement et aptes à faire naître un signal nerveux sur leur autre face (voir p. 240, « La cartographie du monde extérieur »). Ils se propagent ensuite le long des nerfs et transportent l'information à nos centres nerveux. C'est la fréquence des impulsions qui informera les centres de l'intensité de la stimulation.

Dans le cas des organes électriques des poissons, l'énergie électrique est utilisée de façon quantitative. La différence de potentiel naît à la surface d'électroplaques, muscles modifiés organisés en batteries. Celles-ci reçoivent une stimulation nerveuse modifiant leur perméabilité membranaire aux ions. Au niveau de chaque plaque peut naître une différence de potentiel de 100 à 140 millivolts. Certains poissons, les Gymnotes d'Amérique du Sud, possèdent jusqu'à 6 000 plaques en série, capables de fournir une différence de potentiel totale de 400 à 500 volts émise à la fréquence de 1 600 décharges par seconde. Les torpilles géantes peuvent, quant à elles, émettre une intensité instantanée de

120 ampères. Ces fortes tensions et ces fortes intensités permettent la lutte contre les ennemis et la capture des proies.

De l'énergie chimique à l'énergie lumineuse

Un grand nombre d'organismes, bactéries, algues, champignons, végétaux, vers, céphalopodes et poissons des grands fonds marins, etc., émettent des rayonnements lumineux. La signification, l'intérêt biologique de cette bioluminescence n'est pas toujours comprise. Dans le cas du ver luisant (*luciole*), elle sert de signal sexuel d'appel de la femelle par le mâle.

Dans ce cas est mise en jeu une molécule (la *luciférine*) qui, transformée par une enzyme (la *luciférase*), donne un produit luminescent. La transformation est une oxydation en présence d'oxygène. Elle nécessite de l'énergie apportée par l'ATP. Le produit formé incorpore l'énergie apportée par l'ATP et il se trouve alors dans un état excité. Puis, il revient peu à peu à l'état de repos en émettant de la lumière. C'est à cet instant que l'énergie chimique est convertie en énergie lumineuse.

En résumé, le vivant est un convertisseur d'énergie. Le flux d'énergie qui le traverse n'est pas monotone. Le vivant est capable de transformer une forme d'énergie en une autre forme spécifiquement adaptée à la résolution d'un problème défini.

L'énergie de liaison au sein des molécules, l'énergie des photons, les courants d'électrons, ceux d'ions sodium et potassium, la contractilité des molécules ou leur luminescence sont tour à tour mis au service de la synthèse des molécules, de l'émission endogène de signaux nerveux et de leur propagation, de la libération de décharges électriques, de la production de déplacements et de l'émission de lumière.

Les flux d'information

Nous avons côtoyé ces flux tout au long de notre parcours de l'histoire du vivant sans toutefois les nommer toujours de façon explicite. Ils s'écoulent aussi bien au cours des processus de construction des molécules, qu'au cours des processus de développement (morphogenèse) ou de fonctionnement (physiologie) d'un individu, ou encore durant l'évolution des espèces. A chaque fois qu'une réaction, un fonctionnement, un comportement sont spécifiques, spécialisés ou programmés, il s'effectue en référence à un code, à un élément qui fait sens, qui est distinct, discriminé, reconnaissable des éléments environnants.

Informer, c'est en premier lieu « mettre en forme ». Les groupements chimiques, en se liant pour former des molécules, opèrent une mise en forme — résultat de la résolution de forces réactionnelles —, une mise en information. Si un observateur veut décrire le nouveau système formé — la molécule —, il devra donner un certain nombre d'informations ayant trait : à la liste des éléments entrant dans la composition de cette molécule, à la nature des liens entre les éléments et aux nouveaux états réactionnels. Ces états réactionnels sont attribuables soit aux éléments dès lors engagés dans l'édifice, soit à l'émergence d'aptitudes propres au nouveau système (voir p. 40, « Les auto-assemblages »). Aussi, comparativement pourra-t-on dire d'un système plus complexe qu'un autre :
1) qu'il nécessite plus d'informations pour être décrit ;
2) qu'il nécessite plus d'informations pour être construit ;
3) qu'il recèle plus d'informations. Ces différentes formulations recouvrent une même réalité.

La naissance d'une forme moléculaire, par exemple lors de la synthèse d'une molécule par le vivant, est à la fois une mise en forme, comme nous venons de le voir, mais aussi une mise en « fonctionnalité », en cela que de cette forme émerge une aptitude fonctionnelle singularisée. Cela revient à dire qu'une molécule a un sens pour les autres molécules qu'elle côtoie. Elle possède une identité, elle renseigne, elle informe. Le même jeu de renseignement joue dans la reconnaissance, entre elles, des molécules de surface des cellules du système immunitaire, dans la reconnaissance entre les antigènes et les anticorps et entre les hormones ou neuromédiateurs et leurs récepteurs sur les cellules cibles (voir p. 171, « La lutte contre les intrus » ; p. 178, « Des cellules qui tuent » ; p. 191, « Le monde des hormones » ; p. 195, « Le monde des neuromessagers »). Ces molécules reconnues peuvent être dites « informatives » dans la mesure où leur intervention déclenche une réponse spécifique de la part de la cellule ou de l'organe renseigné. Cependant, la spécificité de la réponse dépend de leur complémentarité avec le récepteur du système à informer (généralement un site de reconnaissance à la surface d'une cellule). La réponse est tributaire de la présence du récepteur.

Dans les processus de construction moléculaire ou d'auto-assemblages des organites, l'information est échangée dans une proximité, au cours d'un contact direct, au sein d'un même milieu réactionnel circonscrit dans un petit espace. C'est aussi par contact direct, ou par diffusion de substances dans la proximité, que les tissus s'informent et se déterminent l'un l'autre dans leur destinée au cours des développements embryonnaires (Voir p. 123, « L'histoire de l'individu »).

Par contre, la communication entre organes, au niveau d'un organisme, nécessite une circulation à distance de l'information. Cette circulation est assurée par les cellules du système immunitaire, par les hormones et par le couple influx nerveux/neuromédiateurs. Les communications hormonales et nerveuses peuvent être facilement modélisées par la théorie de la communication, car elles mettent typiquement en œuvre un émetteur de signal, un signal, un canal de convoyage du signal et un récepteur (voir p. 235, « La capture de l'information »). Dans ces systèmes, il existe une analogie remarquable entre les lois qui régissent le flux d'information et celles qui régissent un flux d'énergie. Cette analogie est si probante que la propagation, de l'information ou de l'énergie, répond à des lois mathématiques similaires. Cette similitude peut être intuitivement ressentie si l'on remarque que l'information est nécessaire à l'activation du système cible — cellule glandulaire, centre nerveux ou muscles —, comme l'énergie est nécessaire à l'activation d'un système réactionnel — soit moléculaire, enzymes, myosine, luciférine (voir p. 221, « Les conversions d'énergie »); soit ionique, influx nerveux. Aussi peut-on se demander si l'information n'est pas une forme d'énergie, une énergie mise en forme, une mise en forme qui prend sens pour le vivant.

Souvent une analogie est faite entre l'information génétique contenue dans les molécules d'acides nucléiques (en particulier l'ADN) gouvernant le développement puis le fonctionnement d'un individu, et l'information mémoire d'un ordinateur. Cependant, le programme génétique diffère radicalement d'un programme informatique pour deux raisons. D'une part, il n'y a pas dans le vivant de dissociation entre le matériel et le logiciel. Le programme est structuralement contenu dans le matériel génétique. D'autre part, ce programme se génère lui-même. Il s'est autogénéré à l'aube du vivant à partir de ses propres briques de construction. Il continue à s'autocomplexifier par l'histoire des espèces. Il s'autoduplique encore à l'intérieur de chaque individu au moment des multiplications cellulaires. A une information génétique (génotype) contenue dans le matériel génétique correspond un événement manifesté (phénotype).

Globalement, l'évolution des espèces va vers une complexification croissante. Les organismes les plus évolués contiennent plus d'informations que les autres. La naissance de l'information — la naissance de ce qui fait « sens » — peut s'acquérir au cours de l'évolution par deux stratégies de structuration du matériel génétique : celle d'auto-organisation et celle de redondance-diversification.

On peut facilement concevoir comment la première stratégie, celle d'auto-organisation, intervient au cours des remaniements touchant le matériel génétique des chromosomes lors de la méiose, au moment de la formation des cellules sexuelles (voir p. 55, « De mère en fille »). Il suffit que des recombinaisons entre fragments de matériel génétique jusqu'alors disposés de façon désordonnée (c'est-à-dire d'une façon ne faisant pas sens pour la cellule) créent une succession ordonnée le long du chromosome. Il suffit pour cela que cette nouvelle succession prenne sens, qu'elle soit interprétable par la machinerie cellulaire. En quelque sorte, peu à peu une mélodie peut émerger du bruit. Si nous gardons présent à l'esprit que le génome gouverne le phénotype (les caractères exprimés), nous voyons que de telles recombinaisons du matériel génétique autorisent de nouvelles inventions. Ces nouvelles inventions sont celles-là mêmes que nous voyons se différencier, au cours de l'évolution des espèces, à partir de structures jusqu'alors faiblement engagées dans une activité. On peut émettre l'hypothèse que le faux poisson de la moule d'eau douce ou celui de la beaudroie ont été inventés à partir d'une région de manteau ou de nageoire jusqu'alors peu investie (voir p. 157, « Être l'autre »).

La deuxième stratégie de structuration du matériel génétique consiste à créer une redondance génétique. Une partie du matériel génétique recopiée est gardée en plusieurs exemplaires dans une même cellule sexuelle. Puis, plus tardivement au cours de l'évolution (au moment de la fabrication des cellules sexuelles de divers descendants), les gènes identiques se diversifient, pouvant être traduits en molécules cousines germaines. De nombreux exemples sont connus : isoenzymes, chaînes α et β de l'hémoglobine, chaînes des immunoglobulines (voir p. 171, « La lutte contre les intrus » ; p. 188, « La subtilité des protéines cousines germaines »).

Enfin, la circulation de l'information dans les systèmes vivants ne doit pas être comprise seulement comme une nécessité de mise en place et de maintien des structures, mais également comme la condition d'un commerce avec l'environnement. En ce sens, le génome représente une information centrale qui permet la construction d'une enveloppe phénotypique, d'une périphérie de l'individu où celui-ci peut, par ses organes des sens, donner sens à son environnement. La capture des paramètres du milieu par les organes des sens et le traitement par les centres nerveux renvoient les individus face à leur environnement dans une diversité de situations propres à chacun de leurs instants de vie, au cours desquels ils doivent adapter leurs comportements (voir p. 240, « La cartographie du monde extérieur » ; p. 249, « Les comportements »).

*

Dans le monde vivant actuel, affranchi des aléas de la soupe primitive, les végétaux verts assurent le passage crucial entre le monde minéral et le monde biologique. Ils convertissent le minéral en organique et l'énergie solaire en énergie chimique.

Le monde animal est tributaire du monde végétal pour son approvisionnement en aliments organiques, qui sont tout à la fois sa source de matière et sa source d'énergie.

Tant les végétaux que les animaux ont su diversifier les formes d'utilisation de l'énergie mise en œuvre par les uns ou par les autres dans des activités aussi différentes que les activités chimiques, mécaniques, électriques et lumineuses.

Enfin, sous l'effet du flux d'énergie, les éléments du vivant se structurent, interagissent, génèrent de l'information. Cette information se manifeste elle-même sous diverses formes, soit par référence à la mémoire génétique, soit par capture sensorielle des paramètres du milieu.

11
La relation

La perception du milieu, tout d'abord chimiotactique chez les êtres unicellulaires, devait rapidement être dévolue, chez les êtres pluricellulaires, aux organes des sens (qui donnent sens à l'environnement) et aux centres nerveux. La perception sensorielle informe, par voie nerveuse, les centres nerveux qui reçoivent les trains d'ondes de l'influx nerveux, véritables signaux codés en langage interne. Ces signaux sont analysés en vue d'une réponse adaptée aux circonstances. De la sorte, l'individu est en relation comportementale avec son environnement, ses congénères et les individus des autres espèces.

L'écologie ou vivre chez soi

La relation de l'individu à son milieu, inaugurée à l'instant de l'invention de la première cellule, n'a cessé de se complexifier. Elle est multifactorielle. Un paramètre du milieu, à condition qu'il fluctue d'un lieu à un autre ou d'une époque à une autre, devient un facteur susceptible d'influencer les modes de vie ou, plus encore, d'exercer une pression sélective sur les génomes. L'azote, gaz neutre qui constitue la toile de fond de notre atmosphère, n'a aucune influence sur la constitution de niches écologiques. Par contre, les êtres vivants sont sensibles à la teneur de l'air ou de l'eau en oxygène. Les tanches peuvent séjourner dans des eaux pauvres en oxygène tandis que les truites sont adaptées aux eaux puissamment aérées des torrents.

Quels que soient les facteurs physico-chimiques — texture, teneur en eau ou acidité d'un sol, teneur en gaz dissous d'une eau douce, teneur en sels minéraux d'une eau de mer, teneur en oxygène et en gaz carbonique d'une atmosphère, rayonnement et température —, les systèmes vivants ont acquis vis-à-vis d'eux et vis-à-vis de leurs fluctuations saisonnières une adaptation qui leur permet de vivre en harmonie avec leur milieu de vie. Par contre, d'autres variations moins régulières, plus occasionnelles, n'ont pas exercé de pression sélective sur les génomes. Les génomes n'en ont pas tenu compte dans leur évolution. Il en est souvent ainsi du vent, des pressions atmosphériques et *a fortiori* des incendies, des fuites et des bavures de nos pétroliers, de nos usines chimiques et de nos centrales nucléaires qui prennent les êtres vivants au dépourvu et causent des ravages dans les populations.

Certaines espèces sont capables de vivre dans plusieurs niches écologiques ; elles possèdent une « polyvalence écologique ». Ce sont des « bonnes à tout faire » (*euryèces*). Sur le plan évolutif, ces généralistes varient peu au cours des temps géologiques, elles sont dans une certaine mesure à l'abri d'une pression sélective novatrice.

D'autres espèces, au contraire, sont étroitement dépendantes (*sténoèces*) du milieu dans lequel elles vivent. Si leur niche écologique vient à se modifier, elles sont soumises à de rudes pressions de sélection. Cependant, quelle que soit l'ingéniosité mise en œuvre pour s'adapter — ou plutôt quelle que soit l'adaptation dont elles ont été pourvues par le jeu biologique —, les espèces manifestent une hiérarchie de besoins. Ainsi les espèces animales aériennes (dont nous faisons partie) sont dépendantes en premier lieu de l'oxygène, puis de l'eau, puis de l'alimentation. Nous ne pouvons nous passer d'oxygène plus de deux à quatre minutes, d'eau plus de deux à quatre jours et de nourriture plus de quarante jours. Outre cette loi de préséance, chaque ressource doit être disponible au-delà d'un minimum. En deçà de ce taux, le facteur, par son insuffisance, devient limitant pour la vie. Cette exigence est bien illustrée par la dépendance des végétaux vis-à-vis des éléments minéraux nécessaires à leur développement (N = azote, P = phosphore, K = potassium). Le seuil d'un besoin peut être modifié lui-même par un autre facteur et nous savons bien que, dans nos jardins, une fleur à l'ombre se flétrit moins vite que sa sœur au soleil.

Des relations, plus subtiles encore, engagent l'individu, non plus avec le monde physique qui l'entoure, mais, au sein du monde vivant lui-même, avec d'autres individus. Les relations intra et inter-spécifiques sont connues de tous : soins à la progéniture au sein d'une famille, comportement de chasse d'une horde de loups, cri d'alarme, régulation thermique au sein des colonies d'oiseaux, symbiose, parasitisme.

Outre les relations entre l'individu et son environnement physico-chimique et biologique, ne doivent pas être omis les effets de l'individu, de la population ou de l'espèce envisagée sur l'environnement. En dernière analyse, la notion de niche écologique est une notion systémique qui rend compte de la fonction assurée par le vivant au sein du cosmos dont il fait partie, dans lequel il vit, et dont il contribue à la construction.

La capture de l'information

La présence d'une espèce, d'un individu dans un site, signe son adaptation à ce lieu, à cette niche écologique. Nous avons coutume de dire que les êtres vivants sont dans les lieux qu'ils préfèrent (notion de *préférendum*), ou que les êtres vivants sont dans tels lieux parce qu'ils y sont contraints (notion d'*espèces confinées*). Ces notions de préférence et de confinement peuvent laisser croire que les comportements des espèces résultent d'un « choix » qui mettrait obligatoirement en jeu une élaboration intellectuelle ou psychique. Une telle interprétation limiterait l'idée de comportement à sa forme la plus sophistiquée, celle rencontrée uniquement chez les grands singes et chez l'Homme.

Au sens large, le comportement représente l'ensemble des réponses des organismes aux conditions de vie, qu'il s'agisse de la fermeture d'une rose au crépuscule, de l'enroulement des feuilles d'Oyat sur les dunes frappées par la chaleur estivale, qu'il s'agisse de l'araignée tissant sa toile et de l'oiseau construisant son nid, qu'il s'agisse de la panoplie de convenances sociales et culturelles, qu'il s'agisse enfin des manies, tics et rictus d'un automobiliste confronté journellement à l'imbroglio des « agents de l'ordre », des feux verts au rouge et des sirènes d'alarme en détresse (voir p. 249, « Les comportements »).

Loin de capter l'ensemble des paramètres qui caractérisent un milieu, chaque espèce n'en perçoit que quelques-uns, dans une gamme étroite de valeurs. Ce n'est qu'une « fenêtre étroite » de vibrations sonores que perçoit notre oreille et de vibrations lumineuses que perçoit notre œil. Chacun sait que le chasseur appelle son chien à l'aide d'un sifflet à ultrasons que nous n'entendons pas, que l'abeille voit le monde en ultraviolet et que nos muscles se réchauffent aux infrarouges invisibles. Si notre oreille entendait le bruit incessant que font les molécules en agitation dans l'air qui nous entoure, ceci nous assourdirait, brouillerait les signaux sonores. La situation serait insoutenable. Chaque espèce, chaque individu ne vit pas le monde dans sa totalité mais selon une perception partielle, formelle, léguée au fil de l'histoire de cette espèce, au cours des âges géologiques par la confrontation incessante entre les génomes et la pression sélective du milieu. Nos sens ne nous donnent qu'une image incomplète, approximative, de notre environnement.

Le système sensoriel

Tous les systèmes sensoriels répondent au même schéma fonctionnel. La capture des flux d'information et leur traitement se font selon une grande similitude d'un organe des sens à un autre. Aussi est-il tentant de modéliser ces systèmes. Dans tous les cas, l'information, qu'elle soit mécanique, thermique, photonique, chimique ou éventuellement électrique (pour certains poissons), est captée par un récepteur périphérique puis transportée par un nerf jusqu'aux centres nerveux sensoriels, qui informent alors les centres nerveux moteurs d'où partiront les ordres en direction des effecteurs. La boucle est bouclée, l'information venant du milieu a donné naissance à une réaction au milieu. La réponse peut soit s'extérioriser, soit rester interne à l'organisme. Elle peut en effet se concrétiser par une action motrice ou provoquer une fluctuation des paramètres de notre milieu intérieur. Dans ce dernier cas, la réponse transite par le système hypothalamo-hypophysaire où la commande nerveuse est transformée en commande hormonale. L'interface hypothalamo-hypophysaire – l'hypothalamus fonctionnant sur le mode nerveux et l'hypophyse sur le mode hormonal – est assurée par des cellules de type particulier, aptes à recevoir sur une face un message nerveux et à restituer sur l'autre face un message sous forme de sécrétion hormonale. Par ce chemin, les fluctuations du milieu extérieur et les émotions qui naissent en nous influencent notre vie organique, tracassent ou réjouissent nos viscères.

Chez l'Homme, ce sont les « cinq sens » qui, localisés à la surface du corps, tournés vers l'extérieur (*extérocepteurs*) informent notre système nerveux central sur l'environnement. Dans la vie quotidienne, l'homme écoute peu son corps et oublie que ses centres nerveux reçoivent à chaque instant des informations venant de lui-même. Des palpeurs (propriocepteurs) perçoivent notre propre état statique et dynamique. Grâce à eux, nous connaissons notre position d'équilibre dans l'espace (canaux semi-circulaires de notre oreille interne), la tension de nos muscles, la position des segments de membres autour des articulations. Sans eux notre action motrice sur l'environnement, nos activités seraient anarchiques, incohérentes, impossibles. Enfin l'organisme possède ses propres palpeurs internes (*intérocepteurs*) l'informant de façon vigilante sur sa propre intégrité. Ces vigiles sont postés dans les voies de transit (tube digestif) en relation avec l'extérieur, sur les voies internes de circulation (vaisseaux) ou à la périphérie des organes indispensables à la survie (cœur, foie, poumons et reins).

Comment comprendre le message ?

Les centres nerveux ne peuvent pas comprendre le message tel que le captent les récepteurs, ils ne comprennent pas le langage physico-chimique de la nature qui nous environne. Comme dans un ordinateur, où le langage d'entrée (Cobol, Fortran, etc.) doit être transformé en « langage machine » avant d'être traité par les réseaux logiques centraux, ici les messages captés par les récepteurs sensoriels périphériques doivent être transformés en « langage de la bio-machine » pour être compris par les aires nerveuses centrales. La transformation est réalisée au niveau des cellules sensorielles, de sorte que le nerf sensitif achemine déjà vers le cerveau le message en langage interne. Cette transformation ne doit pas être confondue avec une simple traduction linguistique. Alors qu'une traduction linguistique ne fait que remplacer un mot par un mot, la transformation du message sensoriel change la nature du support informationnel.

Grâce à son excitabilité, l'appareil sensoriel capte le signal externe. La capture fait naître une perturbation au sein de l'appareil. Cette perturbation génère la naissance d'un signal de sortie, qui chemine vers les centres nerveux. Dans le cas le plus simple (et d'ailleurs le plus répandu), les actes de capture du signal

DISPOSITIF DE RÉCEPTION,
CODAGE ET ANALYSE d'UN STIMULUS

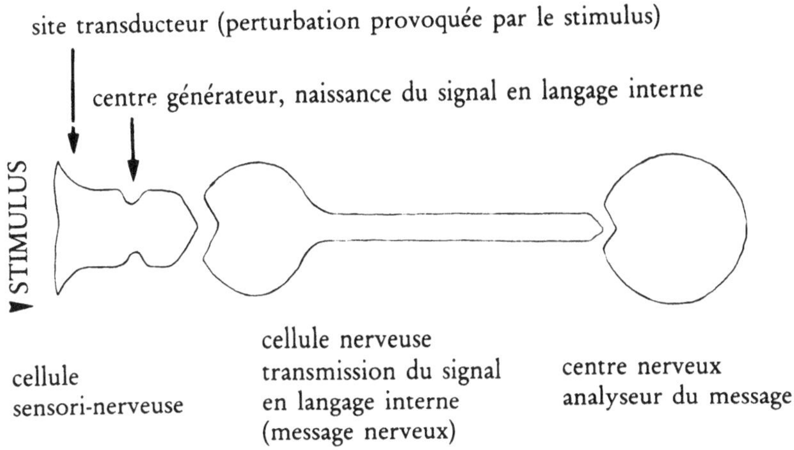

externe et ceux de génération du signal en langage interne surviennent au sein d'une seule catégorie cellulaire de l'organe sensoriel. Pour cette raison, ces cellules sont dites neuro-sensorielles ou sensori-nerveuses, en ce sens qu'elles sont hybrides, bipolarisées dans leurs capacités. Elles sont sensibles d'un côté (entrée) à la perturbation (thermique, photonique, chimique ou électrique), et elles émettent de l'autre côté (sortie) un message de type nerveux. C'est en fonction de sa spécificité que la cellule capte soit une pression (tact, pression sanguine), soit un étirement (récepteurs musculaires et tendineux), soit une onde (visible ou audible), soit une substance (goût, odorat).

Par contre, toutes les cellules, quelle que soit leur spécificité sensorielle, émettent à leur sortie un *influx nerveux* en guise de « signal » en langage interne. Dans tous les cas, qu'il s'agisse de la déformation d'une cellule de notre épiderme, de la percussion de nos cellules rétiniennes par des particules lumineuses, de la fixation de substances à la surface des cellules de nos papilles gustatives et de nos fosses nasales, la cellule répond par un changement de la perméabilité aux ions de sa membrane. Ce changement provoque un transfert de charges électriques qui fait naître au sein de la cellule, en un lieu précis nommé site générateur, un *message nerveux* qui gagne les centres analyseurs du système nerveux central.

Dire, selon notre discours quotidien, que « l'œil voit » c'est introduire un raccourci inintelligible. La spécificité de la sensation ne naît pas au niveau du récepteur (œil) mais du centre nerveux (*aire visuelle occipitale*). Les centres nerveux sont informés de l'intensité du signal venant du monde extérieur par la valeur de la fréquence du signal nerveux émis par les cellules neuro-sensorielles. Cette fréquence exprime le nombre, par unité de temps, de dépolarisations subies par la membrane de ces cellules neuro-sensorielles. Par exemple, le « train d'ondes » émis par les cellules rétiniennes informe du nombre de *lux* (unité d'éclairement) d'un éclairement tandis que celui émis par les cellules du limaçon de l'oreille informe sur le nombre de *décibels* (unité de puissance sonore) d'un son. Le train d'ondes (train de signaux élémentaires) constitue le message nerveux qui sera analysé, décodé, par les centres nerveux spécifiques.

La cartographie du monde extérieur

Les aires sensorielles, à la surface de notre corps — qu'il s'agisse de la peau ou de la rétine — se projettent sur notre cortex cérébral.

Dans le cas d'une perception du contact par la peau (perception *somesthésique*), chaque région de la surface du corps se projette à la surface du cortex de telle sorte qu'un petit homunculus peut y être dessiné. Dans cet univers cérébral, nos membres, nos lèvres, notre langue, notre sexe n'ont pas la même importance, les mêmes proportions que celles vues par nos yeux (par exemple, les lèvres y sont immenses).

Par contre, dans le cas de la vision, les mécanismes sont très complexes et l'excitation de la rétine active simultanément plusieurs aires. Les sensations résultent alors de l'intégration par le système nerveux central d'un grand nombre d'informations élémentaires, de paramètres.

Chez les Mammifères, les cartographies des *aires visuelles* ont été établies en particulier chez le hérisson, le chat, le singe et l'Homme. Ces aires deviennent de plus en plus subdivisées au fur et à mesure de l'évolution des espèces. Chez l'Homme, plusieurs aires 17, 18, 19, etc., sont dévolues à la fonction visuelle. Les aires 17 (une aire pour chaque hémisphère) sont plus particulièrement spécialisées dans la reconnaissance des formes. Cependant elles n'ont pas l'exclusivité de cette perception et les tracés de la représentation visuelle peuvent aussi se dessiner à la surface des aires 18 et 19. Dans chaque hémisphère, une aire reçoit des informations venant des deux yeux. L'aire est curieusement tatouée de deux populations de bandes (*zébrures*). Chaque population reçoit préférentiellement (mais pas exclusivement) l'information venant d'un des deux yeux.

L'idée actuelle est qu'une aire visuelle ne possède pas une spécialisation exclusive pour la perception d'un paramètre du milieu mais seulement une primauté. Cette prévalence résulte d'une plus grande richesse de cette aire (par rapport aux autres aires) en cellules spécialisées dans l'appréciation dudit paramètre. La non-exclusivité d'une aire pour une fonction présente un avantage majeur en cas de lésion localisée du cortex. Elle permet d'éviter la perte de la perception du paramètre. La perception est alors assurée par des aires moins bien dotées que l'aire prévalente mais cependant suffisamment aptes.

Une modélisation peut ici nous aider à comprendre la subtilité de l'analyse des paysages qui nous entourent ou celle d'une forme surgissant devant nos yeux. Les images de l'environnement qui se forment sur notre rétine sont autant de signaux lumineux convertis en signaux nerveux par les cellules rétiniennes photosensibles (cellules neuro-sensorielles). Ces signaux sont alors analysés par le cortex des aires visuelles constitué de plusieurs couches cellulaires superposées. D'une couche à l'autre (d'une couche profonde à une couche plus superficielle), les cellules sont en liaison entre elles (*synapses*) de sorte qu'il existe de véritables « colonnes cellulaires » (disposées orthogonalement par rapport à la surface du cortex).

Les signaux nerveux parviennent à la base des colonnes et sont analysés au cours de leur cheminement dans la colonne.

Chaque colonne constitue une unité fonctionnelle sensible à une orientation angulaire du motif dans l'espace (ex : 0° par rapport à la verticale, 45°, 60°, ou 90°). Les diverses cellules qui se superposent le long d'une colonne sont chacune spécialisées dans la détection d'un seul motif (et d'une seule orientation). Par exemple, il existe : 1) des cellules détecteurs de barre (large, moyennement large ou peu large) ; 2) des cellules détecteurs de fente (large, moyennement large ou peu large) ; 3) des cellules détecteurs de bords droit ou gauche (flanc large, moyennement large ou peu large).

Plusieurs colonnes adjacentes analysant la même orientation sont regroupées en une plaque d'orientation. L'ensemble des plaques d'orientation constitue l'hypercolonne. Les hypercolonnes sont des analyseurs hautement performants qui se regrouperaient suivant leur spécificité (de détection de tel ou tel motif) en nuages plus ou moins denses dans une même localité d'une aire cérébrale.

Le schéma (voir p. 243, « Les hypercolonnes ») montre l'exemple de la détection d'un flanc large et de son orientation dans l'espace. Pour un objet observé, les deux images rétiniennes sont analysées par des hypercolonnes adjacentes et ceci de façon simultanée.

En résumé, une cellule donnée analyse la zone du champ visuel qui lui est confié selon l'adéquation (l'accord) qui existe entre d'une part le stimulus et d'autre part sa spécialisation génétiquement déterminée. A l'issue de la détection, chaque cellule émet des impulsions nerveuses qui représentent son niveau de réponse. Cette réponse est maximale pour une seule valeur d'un paramètre (ici l'orientation angulaire). La cellule informe ainsi les centres nerveux sur le fait qu'elle a détecté dans le paysage un élément géométrique correspondant à sa spécialisation.

Cette modélisation illustre bien la puissance d'analyse de notre sens le plus sophistiqué : la vision.

LES HYPERCOLONNES (d'après J.-P. Frisby)

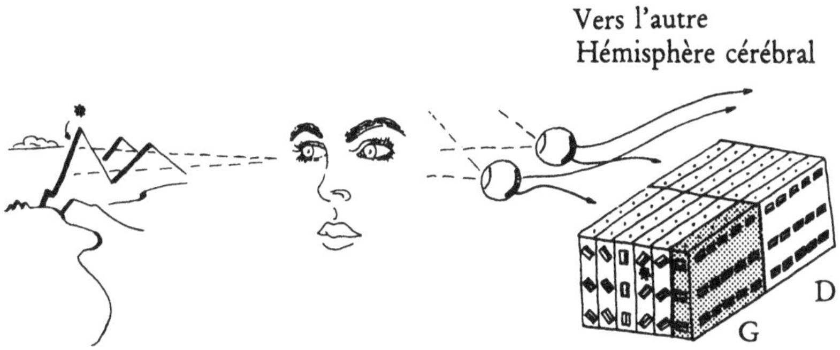

//* Cellule détecteur du motif « flanc large »
De face sur le schéma : les motifs trait, fente et flanc détectés (de bas en haut) par une colonne.
En grisé : plaque d'orientation détectant l'orientation « horizontale ».
G et D : deux hypercolonnes adjacentes recevant les informations respectivement de l'œil gauche et de l'œil droit.

La puissante aptitude de notre cortex à l'analyse se double d'une aptitude tout aussi remarquable à tenir compte de l'ensemble des informations. Le cortex possède une organisation systémique qui lui permet de composer et d'intégrer les diverses données partielles de l'analyse.

Cette organisation systémique siège dans les nombreuses interconnections entre neurones. L'information, courant le long des nombreux prolongements cellulaires, peut, partant d'une cellule, en toucher plusieurs autres ou vice versa. Une information issue initialement d'une seule cellule sensorielle peut gagner, de proche en proche, plusieurs cellules corticales ou, au contraire, des informations venant de plusieurs cellules sensorielles peuvent atteindre une même cellule corticale. De telles interconnexions n'existent pas seulement au sein de nuages cellulaires de même sensibilité mais entre nuages, entre aires de projections visuelles assurant préférentiellement (mais non exclusivement) l'analyse de tel paramètre, de sorte que nous pouvons percevoir de façon intégrée tel objet dans sa forme, sa couleur et sa dynamique.

Des échanges analogues peuvent s'établir entre des aires corticales très différentes : somesthésique, visuelle, auditive, etc. Aussi nous avons une meilleure perception d'un objet, d'un événement, d'une situation en touchant, en voyant et en entendant simultanément.

Une ou deux consciences ?

Nous sommes de plus en plus curieux de percer les secrets du fonctionnement cérébral et de savoir si telle ou telle aptitude siège en un lieu défini du cerveau. De nos jours, chacun s'interroge sur la nature du commerce qu'entretiennent entre eux les deux hémisphères cérébraux, derniers-nés du jeu évolutif des espèces. Ces hémisphères — ces deux demi-cerveaux ou ces deux cerveaux ? — sont-ils prêts à coopérer ou au contraire à œuvrer chacun pour leur propre compte ?

Contrairement à nos deux poumons ou à nos deux reins, nos deux hémisphères n'assurent pas les mêmes fonctions. Sur fond de symétrie bilatérale s'est ajoutée une régionalisation asymétrique de nos hémisphères. Aucune subdivision anatomique, aussi directement compréhensible, aussi mécaniste que celle du cœur divisé en cœur droit et cœur gauche n'est à rechercher dans le cerveau. La structure du cerveau, nous l'avons déjà vu, est à comprendre en termes de réseau d'aires spécialisées. Chaque aire, au service d'une fonction, est constituée par un nuage dense de cellules nerveuses. Chaque aire est en relation avec d'autres aires qu'elle informe, par la voie des prolongements de ses cellules nerveuses.

Le premier indice d'un développement asymétrique des aires

entre les deux hémisphères est donné par la dominance manuelle. Les voies motrices et sensorielles entre les hémisphères et le reste du corps sont presque totalement croisées. La dominance d'une main traduit la dominance de l'hémisphère contralatéral. Dans 70 % des cas, la main droite et le cerveau gauche ont l'avantage.

Ainsi, les deux hémisphères possèdent des potentialités différentes. Dans les conditions normales, la cohérence d'un comportement est rendue possible par le fait qu'à tout moment un hémisphère est informé du traitement de l'information opéré par l'autre hémisphère et ceci au travers des connexions nerveuses qui les relient : corps calleux et commissure antérieure. Si, par accident, ces voies se trouvent sectionnées, les deux hémisphères s'ignorent totalement. Ils fonctionnent de façon indépendante. Un hémisphère ignore l'intentionnalité de l'autre. Alors que la main droite s'avise à verser l'eau dans un verre, la main gauche indifférente jette le verre au loin. Le corps de l'Homme se trouve alors gouverné par deux sphères conscientes différentes. Le cerveau est dédoublé.

Plusieurs aires sont plus développées dans l'hémisphère gauche que dans l'hémisphère droit. Pour cette raison, l'hémisphère gauche est considéré comme l'hémisphère dominant. Il en est en particulier ainsi pour la région des aires motrices qui commande l'utilisation préférentielle d'une main, d'un pied, etc., et de façon spectaculaire pour l'aire du langage qui, elle, n'existe qu'à gauche (aire de Broca). De même, l'aire temporale gauche, plus développée que l'aire temporale droite, contient en particulier l'aire de Wernick, également impliquée dans le langage. Ce n'est pas dire que l'hémisphère droit soit incapable de toute participation au langage. Plusieurs données au contraire illustrent sa possibilité d'y participer.

Les noms désignant des objets y sont bien représentés (identifiés) et il est également apte à traiter certains adjectifs (chaud, froid). Cependant, il méconnaît les verbes infinitifs assignant un ordre (monter, sourire).

Dans les conditions normales, un sujet peut nommer un objet vu en traitant l'information visuelle qui part de l'aire visuelle gauche, gagne l'aire de Wernick puis parvient à l'aire de Broca. Dans le cas d'une lésion entre ces deux dernières aires, l'information peut être déviée vers l'hémisphère droit qui renvoie à l'aire de Broca. Cependant, le sens donné est parallèle au sens réel. Par exemple, une « pierre » sera nommée « rocher ».

Dans le cas d'une section accidentelle du corps calleux, certains malades ont pu éduquer l'hémisphère droit à la pratique de la parole. Dans ces conditions, les capacités cognitives exprimées par l'hémisphère droit sont tout à fait semblables à celles de l'hémisphère gauche. Ceci suggère que l'« intelligence » de l'hémisphère gauche est étroitement dépendante de la dominance de son aire du langage. Cette dominance est exercée à l'encontre de l'hémisphère droit « mineur », dominé, silencieux, muet.

Contrairement à ce qui a longtemps été soutenu, l'hémisphère droit possède aussi des compétences propres. Il présente une dominance visuo-spatiale qui serait dépendante de la prédominance à droite de l'aire PEG (petite aire située sur la berge dorsale du *lobule pariétal inférieur*). Il revient ainsi à cet hémisphère d'assurer une surveillance visuelle constante de notre environnement et de répondre de façon adéquate aux stimuli qui en découlent.

Par ailleurs, l'hémisphère droit assure une régulation émotionnelle de nos pulsions biologiques (sexualité, faim, défense-attaque). Grâce à lui, ces pulsions de base s'expriment adéquatement selon les possibilités autorisées ou les priorités imposées par la situation. Les malades atteints de lésions de l'hémisphère droit présentent une perte de vigilance vis-à-vis de difficultés très diverses : blessures corporelles, conflits interpersonnels ou problèmes financiers. L'hémisphère droit domine aussi l'expression de nos émotions. Ceci fait que nous exprimons nos ressentis préférentiellement au niveau de notre visage gauche. Le côté droit de la face est généralement plus neutre, plus silencieux sur le plan émotionnel.

Caractéristiques de l'asymétrie fonctionnelle (D'après D. M. Bear)		
Dimension	Hémisphère droit	Hémisphère gauche
Émotion	Affectif, émotionnel	Cognitif, neutre
Tendance émotionnelle/attentionnelle	Inquiet, vigilant	Insouciant, inattentif
Préférence cognitive	Spatial, simultané, holistique	Temporel, séquentiel, analytique
Foyer	Périphérique, accessoire	Central, intentionnel
Style de réponse	Impulsif	Réfléchi

Le cerveau marque également des différences d'un sexe à l'autre. Les performances verbales féminines surpassent généralement celles des hommes tant dans la facilité d'élocution que dans le raisonnement verbal. Par contre, les hommes sont particulièrement performants dans le domaine de la perception et de l'activité visuo-spatiale. Constater ces différences n'est pas se laisser aller au sexisme. La combinatoire des aptitudes, compétences et attitudes, ouvre sur une telle multiplicité comportementale qu'on ne saurait parler en termes de supériorité ou d'infériorité d'un sexe vis-à-vis de l'autre, mais plutôt en termes de nuances. Ceci montre bien que le jeu du vivant ne s'est pas arrêté à la mise en place d'un polymorphisme anatomique et physiologique, mais qu'il est allé jusqu'à l'instauration d'un riche polymorphisme de compétences intellectuelles et émotionnelles. Cependant, ce polymorphisme n'est qu'en partie dépendant de la programmation génétique (héritage de l'évolution phylogénétique des espèces). Pour une bonne part, il dépend d'une modulation, souvent décisive, par de nombreux facteurs soit endogènes à l'organisme (hormones), soit exogènes venant de l'environnement et en particulier du contexte psycho-sociologique dans lequel vit l'individu.

Il semble que les meilleures performances verbales de la femme soient dues à une moindre spécialisation hémisphérique. L'hémisphère gauche, moins dominant, laisserait s'exprimer l'hémisphère droit. Aussi, les fonctions du langage, moins réprimées, s'y développeraient mieux.

On connaît chez le rat une zone du cerveau qui est incontestablement différente entre les deux sexes. Dans ce cas, la différence est sous une dépendance hormonale. Cette zone est représentée par le *noyau préoptique* (situé dans l'hypothalamus) et qui grossit plus chez le rat mâle que chez la femelle dans les dix jours qui suivent la naissance. Chez le rat castré — qui ne sécrète pas de testostérone —, ce noyau prend l'aspect qu'il aurait chez une femelle. Ceci prouve que sa maturation dans le sens mâle est sous la dépendance des hormones testiculaires (testostérone). Le rôle de ce noyau dans le comportement sexuel est prouvé par le fait qu'une injection de testostérone chez la femelle de moins de dix jours provoque un développement du noyau qui prend un aspect « noyau mâle ». La femelle se trouve alors masculinisée. A l'âge de la reproduction, elle opte pour un comportement copulatoire mâle de « monte » au lieu du comportement de lordose, d'invite du mâle.

La dominance hémisphérique n'est pas le propre de l'espèce humaine. Plusieurs espèces d'oiseaux possèdent une dominance gauche d'une « aire pour le chant » qui n'est pas sans analogie avec la dominance de l'aire du langage chez l'Homme. Chez les Mammifères, le rat mâle présente une dominance droite du cortex visuel. Cependant, parmi les Mammifères, c'est chez les Primates que les latéralisations fonctionnelles deviennent les plus nombreuses. En particulier, chez les singes, la région occipitale spécialisée dans la perception visuelle de l'environnement est plus développée à droite qu'à gauche. La région temporale spécialisée dans le décodage des vocalises est plus développée à gauche qu'à droite. Ces asymétries témoignent du développement des systèmes latéralisés au cours de l'évolution des espèces. Elles préfigurent les dissymétries du cerveau humain.

Il existe, dans l'espèce humaine, une grande variabilité tant des aptitudes cognitives et créatives que des attitudes affectives. Sans nier l'importance de la part culturelle dans leur expression, il est possible que les sujets aptes à développer des talents exceptionnels (en particulier artistiques) spécifiques possèdent une dominance génétique atypique, non coutumière d'une aire. Aussi, n'est-il pas exagéré de penser que le cerveau humain, dernière invention née de la loterie évolutive, puisse encore évoluer à la faveur du développement de dominances encore en sommeil chez l'Homme actuel.

Les comportements

Les comportements sont des rétroactions des êtres vivants sur le milieu. Pour être adaptées, les actions doivent être précédées du traitement par l'individu d'une information venant du milieu. Le vivant dispose de deux voies pour enrichir son information : soit l'évolution phylogénétique qui engramme des données au niveau des molécules d'ADN, soit l'histoire individuelle qui engramme des données au niveau de structures nerveuses. Ainsi, certains comportements ont une origine phylogénétique, ils sont possédés d'emblée à la naissance (« comportements innés »), tandis que d'autres sont acquis au cours du vécu individuel (« comportements acquis »). Les comportements acquis restent sous la dépendance, bien qu'indirecte, d'une information génétique. En effet, si le contenu d'un apprentissage est acquis par le vécu, l'aptitude à l'apprentissage, elle, est un caractère d'origine phylogénétique.

Les comportements innés d'une espèce n'ont pas été acquis spontanément, ils sont en relation filiale avec les comportements des espèces antérieures. Une idée de l'évolution phylogénétique des comportements peut être donnée par l'acquisition de l'admirable adaptation du chamois à gravir au galop les pentes les plus accidentées. Tandis que l'habileté du cheval et des antilopes des steppes à viser un point d'appui précis est relativement faible, celle-ci s'accroît chez l'âne et le zèbre des montagnes pour devenir spectaculaire chez les chamois. Cette faculté serait acquise par une simple « fragmentation » du mouvement initial ancestral. De la sorte, le nouveau mouvement élémentaire devenant plus bref que le mouvement ancestral se prêterait mieux à la construction de séquences motrices complexes. Le chamois devient capable de décomposer ses pas, de les ajuster avec précision aux micro-accidents du terrain. Cette nouvelle acquisition semble s'être faite sans perte de l'aptitude à appréhender de plus grands changements, de plus grandes amplitudes du relief. Le chamois est apte à tenir compte à la fois de la largeur du ravin à sauter et du caillou qui l'attend sur le versant opposé.

Le plan comportemental d'un être vivant, parce qu'il est issu de la modification d'un plan précédent (celui d'une espèce ancestrale), renferme une foule de caractères qui sont les vestiges d'adaptations passées. Certains comportements animaux constituent les fondements des attitudes humaines. Ce bricolage évolutif des adaptations explique peut-être que les chaînes comportementales, efficaces quant à leur aboutissement, n'en demeurent pas moins déconcertantes dans le détail de leur déroulement. Le pinson-pic sait extraire des insectes logés dans des fentes d'arbres en les embrochant sur une épine. Cependant, si des insectes sont présentés à cet oiseau affamé, celui-ci ne les mange pas mais se met en quête d'une épine qui, d'ordinaire, lui permet de se procurer sa nourriture. La motivation « se nourrir » est ici subordonnée à une motivation exploratrice.

Un certain nombre de comportements perdure sans stimulation externe, sans perception, sans capture des paramètres de l'environnement par des récepteurs sensoriels. Il s'agit de processus harmonieux et complexes, tels que les contractions cardiaques chez les Vertébrés, ou certains battements de nageoire chez les Poissons. Ces comportements sont dépendants d'une activité endogène de cellules spécialisées : tissu *nodal* du cœur des Vertébrés, certains neurones de la moelle épinière des Poissons. Chaque cellule du tissu nodal possède sa propre autonomie contractile : une cellule cardiaque isolée (observée au microscope) continue à battre. Ces rythmes propres, automatiques, servent de *substratum* aux rythmes fluctuants exprimés en fonction des régulations hormonales et nerveuses. Ces régulations dépendent de l'état physiologique endogène de l'individu et de sa relation avec l'environnement (fuite, effort physique, etc.).

De même, les mouvements des nageoires chez les Poissons ont pour base un rythme endogène. Une première population de cellules nerveuses de la moelle épinière gouvernerait le battement automatique des parties molles (membranes situées entre les rayons) des nageoires. Les mouvements des muscles actionnant l'ensemble de la nageoire seraient, eux, gouvernés par une autre population de cellules nerveuses en relation de dépendance et de coordination avec la première population cellulaire.

Bien que l'on connaisse un grand nombre de comportements innés, il est encore rare de connaître les lois génétiques de leur déterminisme. Néanmoins, la génétique du chant des grillons, gouvernée seulement par un rythme endogène, s'éclaire de jour en jour. Si l'on accouple un grillon (*Teleogryllus oceanicus*) émettant des trilles de deux notes avec un grillon (*Teleogryllus commodus*) émettant des trilles à nombre élevé de notes, on obtient dans la descendance des grillons hybrides qui émettent des trilles de fréquence intermédiaire à celles des parents. Par la suite, si on accouple les hybrides mâles avec, par exemple une femelle *T.oceanicus*, la génération fille émet typiquement des trilles à trois notes (J. Leroy). Cela traduit l'existence d'un déterminisme génétique. En fait, le génome code pour la présence de neurones oscillateurs à fonctionnement automatique. Ceux-ci sont directement responsables de la fréquence de contraction des muscles thoraciques actionnant la première paire d'ailes (*élytres*). Chaque élytre forme un instrument de musique : archet sur son bord interne et corde vibrante sur sa face externe.

Les réponses à l'environnement acquises au cours de l'évolution phylogénétique sont immuables. Elles nécessitent deux acquis génétiques :

1. la perception automatique d'un stimuli (*mécanisme inné de déclenchement* = MID) qui donne à l'animal une connaissance de la situation;
2. une coordination motrice automatique qui, mise en éveil par le MID, maîtrise la situation.

L'information est fournie sous forme d'un certain nombre de stimuli clés. Il importe que ces signaux présentent une originalité. Ils doivent concilier la simplicité et le faible risque d'être partagés par un autre élément du milieu. Pour les oies, un œuf est « tout objet rond à surface lisse ». Ce stimulus simple peut tromper l'oie qui, le cas échéant, roule les galets vers son nid (Konrad Lorenz).

L'évolution des espèces n'a pas été en mesure de programmer génétiquement des réponses sélectives face à des stimuli de nature complexe. K. Lorenz rapporte que le poisson *Astatotilapia* sait reconnaître sa femelle comme étant « un congénère qui se dirige lentement vers le sujet mâle, ne recule pas devant son comportement de parade et enfin le suit dans sa nage de pilotage, jusqu'à son nid ». Cependant ce stimulus, sophistiqué, n'inclut pas ce qu'est un « congénère ». Le poisson doit d'abord avoir appris au cours de sa vie ce qu'est un congénère et ceci au travers d'une foule d'expériences dont se dégage une image perceptive complexe.

Ainsi l'évolution laisse aux mécanismes épigénétiques une part de champ libre, une part d'adaptabilité. Une oie cendrée ne connaît pas ses parents à la naissance, mais elle devient capable de les différencier des autres adultes après quelques jours de vie commune. Cette « perception apprise » fait que des configurations très complexes peuvent être investies d'une haute sélectivité. Il semble bien que le vivant ait renoncé à réaliser une préadaptation génétique à reconnaître les parents. L'expérience montre que l'aptitude à reconnaître les parents s'instaure en deux temps. Tout d'abord le nouveau-né est « marqué » par les êtres évoluant à sa proximité. Potentiellement, une oie peut envisager un homme vivant à sa proximité comme étant sa mère. Mais pendant un temps, la détermination dépend d'une impression globale ; le choix peut encore passer d'un être à un être semblable. Dans un deuxième temps, la reconnaissance devient unique, irréversible. Ce mécanisme (empreinte) n'est généralement possible qu'au cours d'une courte phase précoce de la vie des individus. Il permet, dans un contexte social normal, de fixer le comportement sur un partenaire social adéquat, privilégié par sa proximité. Il est déterminant dans l'attachement de l'enfant à sa mère. Chez les oies, comme chez l'Homme, la reconnaissance individuelle se fonde essentiellement sur la perception de la zone centrale de la face (yeux et bec/nez). A ce stade, le choix devient irréversible et ne peut être déstructuré par l'apprentissage.

L'apprentissage au contraire est adaptatif, mouvant. Les comportements acquis par son intermédiaire peuvent se défaire ou se refaire. Un apprentissage peut en inhiber un autre, le supplanter. La plupart des animaux capables d'apprendre sont dotés d'un système leur permettant de tirer leçon de leur réussite ou de leur échec. De proche en proche, le comportement acquis par apprentissage est abandonné s'il est associé à une issue néfaste ou au contraire recherché s'il est associé à une issue gratifiante.

Les MID interviennent fréquemment dans les systèmes proies-prédateurs et dans les relations entre congénères. Il est probable que la pression de sélection ait tenu compte de l'accueil fait au signal (par les uns ou les autres) pour tendre à en accroître l'efficacité, la pertinence. Ainsi, les ocelles des papillons les protègent parce qu'ils sont des masques imitant les yeux des mammifères prédateurs d'oiseaux. Ils déclenchent (MID) la fuite des oiseaux, prédateurs potentiels des papillons. Le poisson-appât de la beaudroie (voir p. 157, « Être l'autre ») a probablement été sélectionné comme MID apte à abuser la confiance de vrais poissons, futures proies de la beaudroie.

*

Les centres nerveux informés de l'environnement par les organes sensoriels périphériques gèrent la réponse comportementale des individus tant aux circonstances fluctuantes de la niche écologique qu'aux imprévus des relations inter-individuelles. Ces réponses sont fondamentalement gouvernées par le patrimoine génétique de l'espèce. Cependant, chez les espèces situées en haut de l'échelle évolutive, le déterminisme génétique est partiellement levé ; une part d'adaptabilité comportementale est concédée. L'espèce humaine, en particulier, peut agir sur les niches écologiques pour tenter de les modifier à sa convenance.

CONCLUSION

Le vivant

Les êtres vivants ont la double singularité d'être issus du cosmos minéral et d'être en relation avec ce cosmos qui constitue leur environnement. Le vivant optimise ses stratégies de telle sorte que ses relations au cosmos soient des équations adaptées. Il tient compte des contraintes diverses, il génère sa propre adéquation au milieu. Il participe, il œuvre à l'harmonie de l'ensemble auquel il est intégré. Ses stratégies sont systémiques. Chaque être vivant n'est compréhensible que si l'observateur le saisit simultanément en tant qu'« individu-système » et en tant qu'élément d'un système plus vaste répondant à une autre logique d'ordre supérieur.

L'individu vivant

Chaque être vivant procède de trois naissances.

Il est né en tant que vivant individualisé de l'inanimé, en cela que ses molécules sont les résultantes, les témoins d'une historicité débutée depuis trois à quatre milliards d'années. Elles sont les copies reproduites, revues et remaniées, des premières molécules ancestrales.

Il est né comme représentant d'une espèce spécifiée des autres espèces, en cela que chaque espèce, chaque nouveau plan d'organisation spécifique est né de façon imprévisible de conditions historiques fortuites. Pour son compte, l'*Homo sapiens* a pris sens sur le continent africain le long d'une vaste fissure entre forêt et savane.

L'être vivant est né enfin comme être unique. Reconduisant par bourgeonnement la singularité génétique d'un parent asexué, ou exhibant quelque nouvelle combinaison génétique née des tribulations de parents sexués.

L'individu vivant n'est pas une parcelle isolée au hasard du reste du cosmos.

Au cours de l'histoire du vivant, chaque entité promue à la vie — molécule, cellule ou organisme — émerge en tant que structure résolutive d'une problématique qui lui est antérieure. L'individualisation est une solution à cette problématique, elle tend à minimiser les conflits, optimiser les affinités existant entre les éléments primordiaux, pré-individuels. La molécule joue des tensions et des affinités entre molécules, l'organisme joue des tensions et des affinités entre cellules.

Dès que naît une structure, elle se prend à interagir avec d'autres. Les premières inter-réactions entre molécules différenciées dans la soupe primitive, comme les premières inter-réactions entre cellules se différenciant à partir d'un œuf, sont à comprendre comme des « inter-réactions solutions » aptes à résoudre les tensions siégeant dans les structures, aptes à créer un ensemble cohérent. La cohérence des relations entre éléments (molécules, cellules, organismes) est dynamique. Elle reste accompagnée d'une part d'instabilité non résolue, qui devient source d'une capacité à évoluer.

La délimitation d'une individualité vivante du reste du cosmos n'est pas absolue, elle n'est que préférentielle, différentielle. L'individu possède une limite semi-perméable qui l'autorise aux échanges. La dynamique du vivant n'enferme pas dans l'indépendance, elle ouvre au contraire au commerce de l'autonomie. L'individu reçoit et échange, en partie sélectivement, la matière, l'énergie et l'information circulant dans l'environnement. Le vivant ne se limite pas à ingérer les éléments du milieu, il les sélectionne, les concentre, les transforme, et, par cette voie, il garantit son particularisme, il gère ses échanges. Il se gère.

Chaque individu — chaque individualité, chaque entité — participe de deux niveaux d'organisation.

Il est système d'éléments (individu-système) et en même temps élément d'un système d'ordre supérieur (individu-élément). Aussi répond-il à deux cohérences. La première, cohérence interne, est gardienne de son intégrité. Elle est d'ordre physiologique et règle les rapports entre organes. La seconde, cohérence externe, est gardienne de son intégration au milieu, de ses relations avec les autres individus-éléments. Elle est d'ordre écologique, elle gère l'accès aux sources de matière, d'énergie et d'information.

Le système vivant

Face à un système vivant, l'observateur peut dresser une liste des éléments constituants et une liste de relations informationnelles et transformationnelles.

Les éléments des systèmes vivants peuvent être classés selon leur niveau d'organisation (molécule, cellule, organisme), selon leur nature (glucide, lipide, protéine, acide nucléique), ou selon leur fonctionnalité (enzyme, substrat, messager, médiateur).

Les relations de fonctionnalité sont soit informationnelles (un messager informe), soit transformationnelles (une enzyme transforme). Ces transferts d'information, ces tranformations, expriment des causalités qui sont rarement élémentaires. Une vision globale dévoile des cascades d'actions et d'effets où l'effet devient lui-même cause, des réseaux d'interactions où l'effet agit sur la cause, des rétroactions où la cause par son effet réagit sur elle-même. Se profilent alors des chaînes, s'établissent des carrefours, se dessinent des réseaux, se dévoilent des nœuds de convergence ou de distribution où la matière, l'énergie et l'information circulent. D'une molécule à l'autre, d'une cellule à l'autre, d'un organisme à l'autre, la matière est condensée ou scindée, l'énergie est concentrée ou libérée, l'information est captée, analysée, intégrée, distribuée.

Il est nécessaire que ces inter-relations naissent, au cours de l'histoire du vivant, suffisamment coopérantes pour assurer leur pérennité. Dans le cas contraire, elles sont éliminées par la pression de sélection exercée par les inter-relations déjà existantes.

L'historicité

Un système — un ensemble d'éléments en relation de cohérence — peut naître soit par la mise en relation d'éléments déjà existants, mais étrangers les uns aux autres, soit par différenciation d'éléments au sein d'un système en cours d'évolution.

C'est parce que les systèmes vivants présentent une certaine frange d'instabilité (de réactivité potentielle) qu'ils peuvent à chaque instant de leur historicité (phylogénétique et ontogénétique) s'engager dans un commerce avec un autre système vivant. Cette mise en relation peut les conduire vers une nouvelle évolution, une nouvelle aventure.

Les interactions nées d'historicités parallèles sont nécessairement optimalisantes; même un prédateur n'extermine pas sa proie, car il s'exterminerait lui-même. L'invention d'un individu non suffisamment coopérant serait rejetée par la sélection. Lorsque deux individus évoluent dans la même niche écologique, la pression de sélection tient compte de l'un dans la sélection de l'autre.

Lorsque des êtres vivants ayant des historicités disjointes se trouvent occasionnellement rapprochés par un accident géologique, par migration ou transport, les relations qui s'établissent sont fortuites. Dans le cas où une prédation s'instaure, elle peut revêtir un caractère catastrophique. La proie ignorant le prédateur est exterminée ; aucune parade, aucune régulation n'ayant été élaborée au cours de leur histoire pour minimiser, concilier les antagonismes.

La pluralité des éléments d'un système découle de mécanismes de diversification : diversification des molécules dans le monde encore inanimé de la soupe primitive, « duplication-diversification » des organismes (unicellulaires ou pluricellulaires) par voie de phylogenèse et des cellules et organes par voie d'ontogenèse. Tout élément nouveau surgissant dans un système le modifie, le transforme en un autre système. De ces multiples transformations ne survivent que les systèmes demeurés cohérents du point de vue de leur intériorité et suffisamment solidaires des autres systèmes avec lesquels ils commerceront. L'évolution reste ainsi tributaire du champ des possibles offerts en chaque lieu, à chaque étape.

La complexité

L'évolution suit globalement une voie d'accroissement de la complexité : passage d'un niveau d'organisation à un autre d'ordre supérieur ; invention d'un plan d'organisation plus sophistiqué ; diversification d'un thème.

Avec la complexité s'accroît le nombre de paramètres d'un système. Un système, en se complexifiant, s'enrichit en informations. Le nombre des paramètres le définissant s'accroît.

L'information qui, dans sa qualité et sa quantité, explicite le degré de complexité, ne peut nécessairement définir un système vivant que par rapport à un ou des référentiels. Les caractères du vivant peuvent en fait être renvoyés à deux référentiels : l'un exogène (la liste des facteurs physiques, chimiques et biologiques du milieu), l'autre endogène (la liste des caractères codés dans le génome). Les liens entre les caractères exprimés par l'individu, le référentiel exogène et le référentiel endogène, sont toujours délicats à interpréter. L'incompréhension de ces liens conduit aux méprises fondamentales qui parsèment les théories. La nature garde encore des mystères.

Le référentiel interne possède une logique propre, sa structure et sa syntaxe le rendent apte à être traduit, à être exprimé en caractères de l'individu. Ce sont ces caractères manifestés (phénotype) qui ont à rendre compte d'une adéquation, d'une adaptation à la logique du cosmos environnant. Dès lors que l'adaptation du phénotype est reconnue, admise par la pression de sélection, le référentiel interne peut perdurer. Durant le temps de vie que ce référentiel génétique concède à son enveloppe, à son vêtement phénotypique, il donne libre cours à sa stratégie reproductrice, assurant ainsi sa propre filiation au service de l'espèce et du vivant.

L'autonomie

Les systèmes vivants sont autonomes en cela qu'ils génèrent leur propre logique.

Autonomie ne signifie pas indépendance. Ils ne sont pas en rupture avec l'environnement, ils ne le nient pas. Bien au contraire, l'application de lois nécessite un commerce avec l'environnement et, plus encore, le choix des lois revient au pouvoir discriminant de cet environnement. Le génome propose, l'individu phénotypique manifeste, le milieu dispose.

L'autonomie des systèmes vivants surpasse en compétences et en performances celle de l'automatisme des automates artificiels, elle est d'un autre ordre. Tandis que la logique des automates artificiels est générée par l'ingénieur et qu'elle préexiste à la naissance (à la construction) de l'automate, celle des systèmes vivants naît générée par le système et générant le système. Elle est co-naissante et co-existante du système. Le système et sa logique sont co-générés par la mise en inter-relations d'éléments jusqu'alors inexistants ou jusqu'alors découplés par des historicités disjointes.

Cette autonomie se manifeste en de nombreuses stratégies du

vivant, tant dans les domaines de la morphogenèse que de la physiologie. Ainsi, les premières protéines sont nées de l'agencement d'acides aminés dont l'ordre n'était pas uniquement aléatoire mais en partie déterminé par l'affinité sélective des uns pour les autres. Les molécules contiennent, de par leur structure, leurs propres spécificités réactionnelles. En cela réside une première autonomie. La confection des pièces détachées d'un virus ou celle d'organites cellulaires est codée, gouvernée par le génome qui alimente les chaînes de montage selon une chronologie définie. Cependant, la façon dont s'agencent ces pièces crée en elle-même une information spatiale, positionnelle pour la poursuite de la construction du puzzle. Une structure peut être informationnelle en elle-même. Cette information est épigénétique. Chaque organisme se construit selon une séquence événementielle qui lui est propre.

Mais, l'autonomie ne s'exprime pas seulement au cours de la morphogenèse et, dans le même temps que s'édifient les structures se prépare puis s'installe en elles une autonomie fonctionnelle. Les régulations physiologiques veillent à la constance des paramètres fonctionnels. La température, l'acidité, l'approvisionnement en oxygène, la teneur en électrolytes, la mise à disposition des métabolites, l'élimination des déchets sont régulés. Les mécanismes de régulation eux-mêmes sont soumis à régulation : des hormones veillent sur des hormones.

L'autonomie n'est pas seulement au service de l'homéostasie du système vivant, mais aussi au service d'un commerce avec son environnement. Cette intégration à l'environnement est assurée à différents niveaux. Un événement écologique peut être lu au niveau de l'écosystème, de l'organisme, de la cellule, de la molécule.

L'intégrité

L'intégrité des organismes est sans cesse sauvegardée et reconquise.

Les systèmes immunitaires détruisent les molécules étrangères, les erreurs survenant dans la copie du matériel génétique sont réparées, les cellules aberrantes sont détruites, les blessures faites aux organes sont cicatrisées, les parties perdues sont parfois régénérées. En dernier recours, une perte irréversible, une ablation ne met pas en cause la poursuite de la vie. Dans une certaine mesure, la perte de l'une ou l'autre des parties ne met pas en cause la fonctionnalité de l'ensemble : l'intégrité du système fait alors fi de l'intégralité des parties.

Les systèmes vivants s'auto-maintiennent, ils perdurent même lorsque ont disparu les artisans de leur apparition : soupe primitive, écologie d'apparition de leur espèce, géniteurs.

La permanence et la mouvance

Sur fond de permanence et de stabilité, le vivant inscrit un jeu différentiel : jeu fait de mouvance, de fluctuations, d'avatars. Au plan physiologique, hormones, influx nerveux n'ont de sens que par des fluctuations. Prennent sens les variations de taux hormonaux, les variations de fréquence des signaux électriques. Tout se joue en terme d'activation/désactivation, polarisation/dépolarisation, synthèse/destruction. Les désactivations, les dépolarisations, les destructions sont source de re-nouveaux. Les structures se défont pour se rajeunir, pour s'offrir à une nouvelle étape fonctionnelle, à un nouveau cycle, à une nouvelle phase de la vie.

De même, les erreurs de copie du matériel génétique lors de la reproduction d'un individu sont la porte ouverte à un être inédit, à un nouveau programme génétique. L'ancien code génétique maintenant perturbé est le site potentiel d'un autre code en devenir. L'erreur, le défaut rompent la monotonie. Ils sont source de nouveauté.

La liberté

Enfin, une des inventions majeures des systèmes vivants est, sans conteste, la part d'indétermination dont ils se sont dotés. Leur génome code pour une part de liberté, tout au moins chez les êtres les « plus évolués ». Loin d'être des automates dépendants du seul pouvoir de leurs gènes, les individus concèdent une part de leur histoire individuelle à des mécanismes épigénétiques. Bien que l'individu reste tributaire des limites de son génome qu'il ne peut contourner (enveloppe génétique), une latitude lui est laissée de parachever sa structuration cérébrale en vue de l'acquisition de comportements étroitement ajustés au milieu, à la région dans laquelle il se trouve. Les êtres vivants les « plus évolués » peuvent ainsi apprendre de leurs congénères une vaste panoplie de comportements. Chez l'Homme enfin, le biologique autorise l'émancipation d'une sphère psychique qui s'autonomise à partir du biologique en cela qu'elle génère des lois fonctionnelles qui lui sont propres, radicalement différentes des lois biologiques. Aussi l'Homme peut créer des mondes nouveaux, s'inventer des mondes culturels et des mondes imaginaires.

L'Homo sapiens

Avant la naissance de l'*Homo sapiens*, le jeu du vivant se faisait par réajustements incessants entre le référentiel interne (le patrimoine génétique des espèces) et le référentiel externe (les conditions du milieu de vie).

En libérant partiellement l'homme du déterminisme de ses gènes, le vivant a instauré un monde épigénétique qui se manifeste en particulier par la malléabilité culturelle des activités de son système nerveux.

La sphère de l'intellect émergée d'un vivant non intentionnel tend à s'en individualiser, à acquérir sa propre autonomie.

Alors que les sociétés primitives et traditionnelles ont su préserver l'harmonie entre l'Homme et la nature environnante dont il participe, l'attitude des sociétés industrielles est devenue interventionniste.

Après que les pratiques de cueillette, de chasse et d'abri sous roches ont laissé place à la culture, à l'élevage et à l'urbanisation, s'est installé un processus accéléré et insensé d'asservissement de la nature.

L'Homme a poussé au paroxysme son pouvoir de modeler le milieu. Par sa puissante industrie de production (par sa redoutable industrie de profit), il a interposé entre le vivant et son milieu un vaste réseau de transformation. Cependant les « transformateurs », dispensateurs de « biens de consommation », sont également dispensateurs de « poisons biologiques ». Les eaux et les airs ne sont plus uniquement vecteurs de vie mais aussi vecteurs de substances toxiques.

Souvent les produits formés s'inscrivent en faux dans le sein d'une planète qui, incapable de vomir nos déchets dans le lointain cosmos, peu à peu se meurt. Si la toile tissée par l'araignée retient le puceron, celle tissée par l'Homme retient en otage la nature entière.

Depuis moins de cinquante ans — un passé très récent —, l'Homme met en péril plus de cinq milliards d'années d'histoire du vivant. Sous prétexte d'adapter ses pratiques et son environnement à ses besoins — à moins que ce ne soit à ses désirs —, il ne prend plus en compte les autres espèces. Il les extermine impunément et anéantit leurs niches écologiques. En détruisant les espèces et les milieux de vie, l'Homme détruit tant la multiplicité que le champ des possibles. Il anéantit le jeu de l'évolution. Il stérilise la planète.

Enfin, depuis quelques années, l'Homme intervient aussi dans le référentiel interne. Il modifie l'ADN, transporte des gènes d'une cellule à l'autre, d'un individu à l'autre, d'une espèce à l'autre. Pour le vivant une nouvelle ère débute. Son jeu se trouve maintenant modifié intentionnellement, finalisé.

L'Homme devra veiller à ce que ses agissements instaurent

non la faillite de tout le processus de vie, mais autorisent au contraire un nouvel essor.

Parce que la professionnalisation et le profit éloignent l'Homme de la Nature, chacun de nous doit mobiliser son propre discernement et décider de son comportement face aux risques majeurs maintenant encourus par la Nature.

Annexes

ANNEXE 1

Les échelles de taille du proton à la baleine			
			Ordre de grandeur exprimé en nm (nanomètres)
organismes	baleine	12 à 35 m	10^{10}
	éléphant	7 m	
	homme	1 à 2 m	10^{9}
	puce	1 à 2 mm	10^{6}
	Volvox	500 μ	
cellules	amibe	100 μ	
	ovule humain	100 μ	10^{5}
	la plupart des cellules	20 à 35 μ	
	spermatozoïde humain	10 μ	
	hématie	7 μ	
organites	noyau d'une cellule	10 à 15 μ	10^{4}
	mitochondrie	0,1 à 1 μ	
microorganismes	bactérie	0,1 à 2 μ	10^{3}
	virus	10 à 100 nm	10^{2}
molécules	grosse protéine	10 nm	10
	acide aminé	0,5 nm	
	$H^2 0$	0,1 nm	10^{-1}
atomes	atome de carbone	0,1 nm	
	atome d'hydrogène = (proton + 1 électron en gravitation)	10^{-4}nm	10^{-4}
part.	proton	10^{-8}nm	10^{-8}
1 nanomètre = nm = 0,001 micromètre ; 1 micromètre = (μ) = 0,001 millimètre			

ANNEXE 2

La cellule

Système membranaire intracellulaire

1. Réticulum endoplasmique granulaire. Sa surface externe est le lieu de synthèse des protéines. Les « granulations » à la surface ne sont autres que les ribosomes en train de lire les ARN messagers. Les protéines en cours de synthèse pénètrent au travers des membranes, dans les canaux du réticulum, où elles sont acheminées vers l'appareil de Golgi.

2. Réticulum endoplasmique lisse. Lieu de synthèse des lipides.

3. Appareil de Golgi. Il est constitué de plusieurs dictyosomes (empilements de saccules) qui sont des lieux de maturation et de stockage des molécules synthétisées dans le réticulum. Ces saccules bourgeonnent des vésicules qui sont des sacs de transport des substances fabriquées. Certaines vésicules contiennent des enzymes lytiques permettant la digestion soit d'éléments étrangers capturés par la cellule, soit de molécules, ou encore d'organites endommagés de la cellule. Dans le cas de cellules glandulaires, les vésicules vont crever à la surface de la cellule et libèrent ainsi leur contenu à l'extérieur. Les substances libérées sont, soit des enzymes dans les cavités naturelles de l'organisme, soit des hormones dans le sang.

Cytoplasme

Phase liquide intra-cellulaire contenant les divers organites.

SCHÉMA D'UNE CELLULE ANIMALE
(Principaux organites)

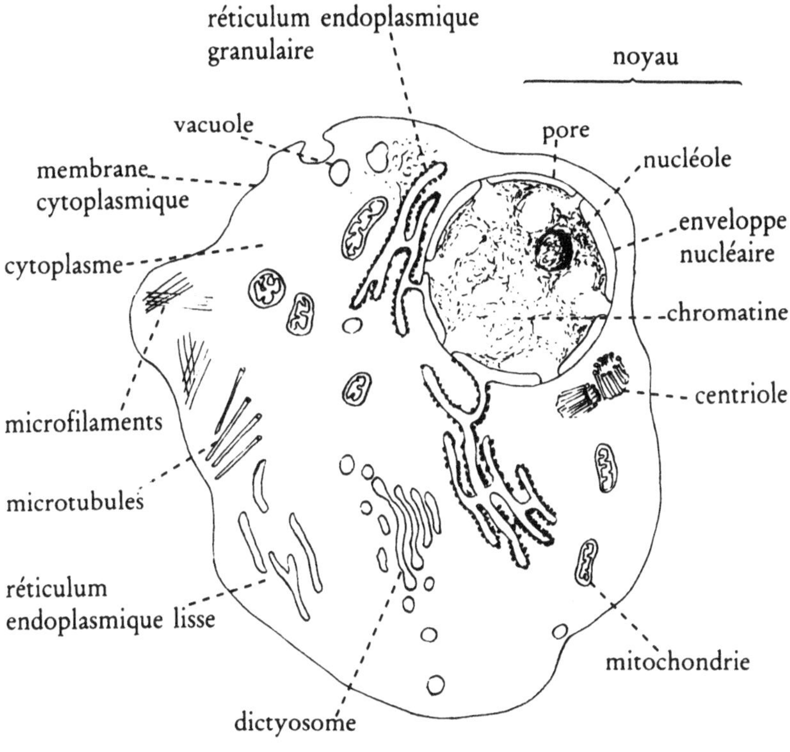

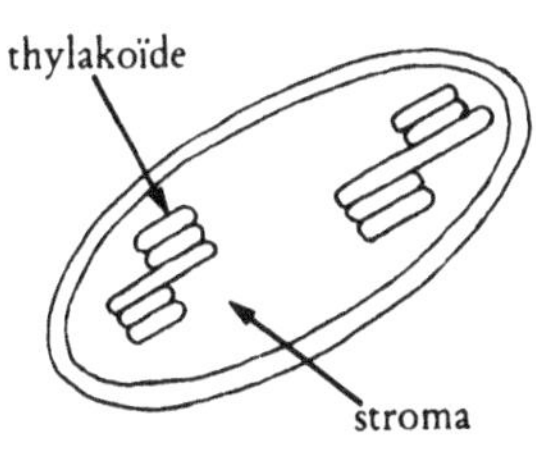

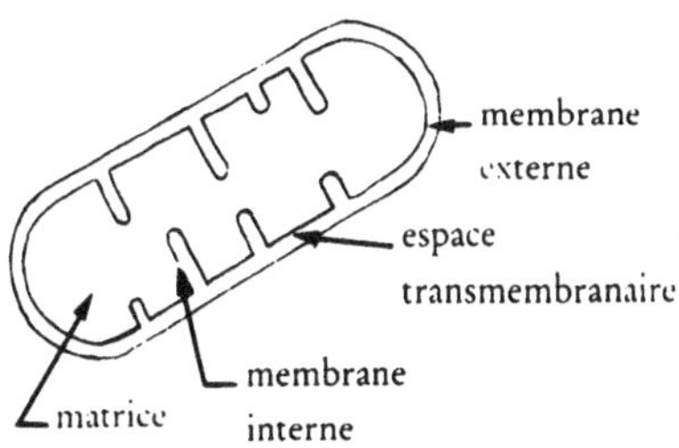

CHLOROPLASTE

MITOCHONDRIE

Organite

Structure organisée ayant un rôle physiologique bien défini. C'est en quelque sorte un « organe » de la cellule.

Membrane plasmique

Zone d'échange entre la cellule et le milieu de vie. Elle est traversée passivement par certaines substances et en absorbe ou excrète d'autres sélectivement et activement. Elle supporte des marqueurs de surface (identité cellulaire) et des sites de reconnaissance d'autres cellules, d'hormones ou de virus.

Paroi

Seulement chez les bactéries et les cellules végétales (bien que de nature biochimique différente chez les unes et les autres). Elle confère une rigidité à la cellule.

Noyau

En général un par cellule.

1. Membrane nucléaire, délimite le noyau. Elle est percée de pores permettant les échanges entre le suc nucléaire et le cytoplasme.

2. Chromatine = ADN + protéines. Elle s'organise en chromosomes au moment de la division cellulaire.

3. Chromosome, agencement de la chromatine. Un chromosome est comme une « pelote » constituée d'un fil d'ADN. Les cellules d'une même espèce en possède un nombre défini (46 dans l'espèce humaine). Les espèces sexuées possèdent chaque chromosome en double exemplaire (paire). Il existe donc 23 paires différentes chez l'Homme. Chaque type, parmi ces 23, peut être décrit et reconnu.

4. Nucléole, lieu de fabrication des ribosomes.

Mitochondrie

200 à 300 par cellule. Principal lieu de synthèse de l'ATP. Elle est régionalisée en un espace interne *(matrice)* et un *espace intermembranaire* (entre membrane externe et membrane interne voir détail sur le schéma p. 271).

Chloroplaste

Seulement chez les végétaux verts. Lieu de synthèse des glucides à partir du gaz carbonique et de l'eau grâce à l'énergie lumineuse captée par les chlorophylles. Il est régionalisé en deux compartiments : l'espace à l'intérieur des *thylakoïdes* (sacs dont les membranes contiennent en particulier les *chlorophylles*) ; l'espace interne du chloroplaste appelé *stroma*, autour des thylakoïdes (voir détail sur le schéma p. 271).

Vacuoles

Divers sacs de capture d'éléments étrangers (bactéries, virus) ou de stockage de réserves, etc.

Centriole

Au service des déplacements. Au nombre de deux par cellule, ils se dupliquent au moment de la division cellulaire, formant deux nouveaux couples. Chaque couple se situe à un pôle de la cellule en division, créant deux centres d'attraction des chromosomes.

Dans certaines cellules, les centrioles peuvent différencier un organite qui fait irruption à l'extérieur de la cellule : flagelle permettant la mobilité des spermatozoïdes, cils des cellules ciliées de la trachée artère et de la trompe utérine.

Microfilaments

Constitués de protéines contractiles (actine et myosine), ils interviennent dans des mouvements cellulaires.

Microtubules

Ils assurent le maintien de la forme cellulaire, interviennent également dans des mouvements cellulaires variés. Ils guident par exemple le déplacement des chromosomes lors de la division cellulaire.

ANNEXE 3

Principales étapes de l'évolution prébiologique et biologique

Environ 15 milliards d'années
Formation de l'univers

Densité en énergie extrême ; rayonnement énergétique. Transformation de l'énergie en matière (électrons, protons).
Protons et électrons se neutralisent. Formation d'atomes d'hydrogène (H). « Émulsion de protogalaxies. »

5 à 6 milliards d'années
Formation des étoiles (par exemple le soleil).

Il s'agit de zones de condensation de la matière dans un nuage formant une galaxie. Grâce à la température élevée, protons et électrons se heurtent. Il y a formation d'atomes plus complexes que ceux d'hydrogène (ex. : carbone, azote, oxygène).

Formation des planètes

Par force de gravitation, la matière s'éloigne des étoiles. La température chute. La matière se condense en formant des planètes (par exemple la Terre). Formation de molécules ; en particulier des molécules organiques. H, C, O, N se lient à H pour donner H_2 (gaz hydrogène), CH_4 (méthane), OH_2 (eau), NH_3 (ammoniac).

Échelle des temps

Échelle depuis la naissance de l'univers	
0	
100 millions	premiers Mammifères
250 millions	prédominance des Reptiles première faune d'invertébrés terrestres
500 millions	premiers Vertébrés marins première flore terrestre
1 milliard	méduses et coraux algues pluricellaires algues unicellulaires
2 milliards	bactéries aérobies (l'atmosphère jusqu'alors dépourvue d'oxygène devient riche en oxygène)
3 milliards	bactéries photosynthétiques bactéries anaérobies
3,5 milliards	apparition de la Vie
5 milliards	formation de la Terre
15 milliards	formation de l'univers

Détail des 100 derniers millions d'années	
0	
3 millions	hominiens
15 millions	singes pré-hominiens
35 millions	prolifération des herbivores
50 millions	disparition des grands Reptiles, expansion des Mammifères, apparition des arbres à feuilles caduques
100 millions	dominance des Reptiles, premiers Mammifères, conifères.

Formation des briques de construction du vivant

Formation de molécules typiquement organiques (acides aminés, acide cyanhydrique, formaldéhyde, etc.) à partir de H_2, CH_4, OH_2, NH_3, et grâce à la puissante énergie des éclairs et des volcans.

2 à 3 milliards d'années
Préparation de la soupe primitive

Complexification des molécules :
acides aminés → protéines;
bases organiques + sucres (ribose ou désoxyribose) + acide phosphorique → nucléotides; etc.

Ces molécules complexes, stables, sont aptes à durer, donc à s'imposer.

Apparition des microgouttes «prévivantes»

A partir d'une certaine teneur en macromolécules de la soupe primitive, les molécules s'agrègent et forment des microgouttes. Il s'instaure alors des échanges entre ces microgouttes et le milieu environnant. Ceci préfigure le métabolisme.

Invention de la fermentation

L'énergie de transformation de la matière organique ne vient plus des éclairs et des volcans, elle est issue de la dégradation de molécules organiques. Le principal déchet est CO_2.

Invention de la reproduction

Certaines microgouttes incorporent des acides nucléiques. Ceci va permettre une reproduction conforme (auto-reproduction). Il s'installe une catalyse réciproque entre acides nucléiques et protéines. Ceci permet la naissance du code génétique; caractères héréditaires.

Invention de la photosynthèse (différenciation du monde végétal)

Les premières algues unicellulaires capturent l'énergie lumineuse à l'aide de la chlorophylle. Ceci permet la synthèse de leurs propres constituants (glucides, etc.). Le déchet libéré est l'O_2.

Invention de la respiration

La libération d'O_2 permet : 1) la formation d'une couche d'ozone qui protège des rayonnements solaires ultraviolets. Des conditions plus douces de vie s'installent. 2) l'O_2 est utilisé pour oxyder les molécules organiques. La respiration, comme la fermentation, procure de l'énergie, mais elle est plus efficace.

1 milliard d'années
Émergence de la cellule

La cellule, unité fondamentale de la matière vivante, est née. Elle se différencie en réponse aux besoins spécifiques des organismes pluricellulaires.

A partir de 600 millions d'années
Naissance des espèces

Sous l'effet des remaniements génétiques, les espèces naissent les unes des autres. Elles sont sélectionnées par la « pression de sélection » exercée par les conditions de vie rencontrées dans le milieu.

Invention de mécanismes comportementaux

Développement du système nerveux central : mécanismes réflexes de survie de l'espèce ; vie affective ; intelligence réflexive.

BIBLIOGRAPHIE

Les numéros renvoient aux pages où les auteurs sont cités.

Les numéros en italique renvoient aux pages où est traité le thème pour lequel l'ouvrage ou l'article cité présente un intérêt plus particulier.

95 (Collectif), « La grande énigme de l'évolution », *Archéologia*, n° 73, Dijon 1983.

247 Bear D. M., « La spécialisation hémisphérique et les fonctions émotionnelles chez l'homme », in *Rev. Neurol.*, 1983 : 139, 1. 23-33.

80 Bergson Henri, *L'Évolution créatrice*, in *Œuvres*, PUF, Paris 1963.

195 Bloom Floyd, « Les neuropeptides », *Pour la science*, décembre 1981.

49 Bougis Paul, *Le Plancton*, PUF, Paris 1967.

40 Bouligand Yves, *La Morphogenèse. De la biologie aux mathématiques*, Maloine, Paris 1980.

159 Bounhiol Jean-Jacques, *Larves et Métamorphoses*, PUF, 1980.

137 Changeux Jean-Pierre, *L'Homme neuronal*, Fayard, 1983.

199 Dantzer Robert, *L'Illusion psychosomatique*, Odile Jacob, 1989.

97-100 Darwin Charles, *L'Origine des espèces*, 2 tomes, Maspero, Paris 1980.

181 Donelson John et Turner Mervyn, « Les métamorphoses du trypanosome », *Pour la science*, avril 1985.

31, 206 Duvigneau P., *La Synthèse écologique*, Doin, 1974.

110 Ewing A. W., « The genetic basis of sound production », in *Drosophila pseudo obscura and D. persimilis*, An-Behav. 17. 555.560.

240 Frisby John P., *De l'œil à la vision*, Nathan, 1981.

123	Gallien Louis, *Problèmes et concepts de l'embryologie expérimentale*, Gallimard, 1958.
244	Gazzaniga M. S., *Le Cerveau dédoublé*, Dessart et Mardaga, Bruxelles 1976.
104	Gould Stephen Gay, *Darwin et les grandes énigmes de la vie*, Pygmalion, 1979
158	Gould Stephen Gay, *Le Pouce du Panda*, Grasset, 1985.
59	Grassé Pierre Paul, Poisson R. A., Tuzet O., *Zoologie*, t. 1 : *Invertébrés*, Masson et Cie, 1961.
59	Grassé Pierre Paul, Devillers Charles, *Zoologie*, t. 2, Masson et Cie, 1965.
244	Habib M. et Galaburda A. M., *Déterminants biologiques de la dominance cérébrale*, Rev. Neurol. 142-12, pp. 869-894, Paris, 1986.
163	Haeckel Ernest, *Histoire de la création des êtres organisés d'après les lois naturelles*, C. Reinwald et Cie, Paris 1874.
109	Houillon Charles, *Embryologie*, Herman, 1967.
81	Hugo Victor, *Les Travailleurs de la mer*, Seuil, 1963.
23, 95	Jacob François, *Le Jeu des possibles*, Fayard, Paris 1981.
159	Kübler-Ross Elizabeth, « La mort renaissance », in *Voyage au bout de la vie. Enquête sur les choses de la mort*, Bernard Martino (dir.), Balland, 1987.
176	Kurosawa Y. et Tonegawa S., « Organization, structure, and assembly of immuno-globulin, Reavy-chain diversity DNA segments », *J. Exp. Med.*, 1982, 155 : 201.
97	Lamark J. B. de, *Philosophie zoologique*, Deutre, 1809.
145	Lecomte du Noüy Pierre : *Le Temps et la Vie*, Gallimard, 1936.
109	Le Moigne A., *Biologie du développement*, Masson, 1989.
45	Leroi-Gourhan André, *Milieu et Techniques*, Albin Michel, Paris 1973.
252	Leroy Y., « Transmission du paramètre fréquence dans le signal acoustique des hybrides F1, et PxF1 de deux grillons : Teleogryllus commodus. Walker et T. oceanicus le Guillou (Orthoptères, Ensifères) », *C. R. Acad. Sciences*, Paris 1964 : 259, 892-895.
249, 252	Lorenz Konrad, *Les Fondements de l'éthologie*, Flammarion, 1978.
167	Male D., Champion B., Cooke A., *Immunologie. Le système immunitaire et sa régulation*, Medsi, 1987.
86	Mc Lean P., « The Triune brain, emotions and scientific bias », in *The Neurosciences : Second study program*, F. Schmitt éd., New York, Rockefeller University Press, 1970.
100	Malthus, *Essai sur le principe des populations*, Seghers, Paris, 1963.

95 Mayr Ernst, *La Biologie de l'évolution*, Hermann, 1981.

96 Anaximandre de Milet (traduit par J. Voilquin, in *Les Penseurs grecs avant Socrate*, Garnier).

117 Poupeau Gérard, « Coup de météorite sur le crétacé », *La Recherche*, n° 139, 1982.

11 Reeves H., *Patience dans l'azur. L'évolution cosmique*, Seuil, 1981.

117 Renard Maurice et Rocchia Robert, « Extinction des espèces au secondaire : la Terre dans un nuage interstellaire ? », *La Recherche* n° 153, 1984.

144 Revardel J. L. et Chebouki F., « Étude de la réponse à l'amputation des phalanges chez la souris : rôle morphogénétique des épithéliums, stimulation de la chondrogenèse », *Journal Canadien de Zoologie*, 1987, 65.

134 Robertis E. (de), Guillermo O., Wright C., « Les gènes à homéobox et l'organisation du corps », *Pour la science*, 1990, 155.

167 Roitt I., Brostoff J., Male D., *Immunologie fondamentale et appliquée*, Medsi, 1985.

11, 23 Rosnay Joël de, *L'Aventure du vivant*, Seuil, Paris 1988.

59 Ruffié Jacques, *Traité du vivant*, tomes 1 et 2, Flammarion, 1986.

117 Russell Dale, « Les extinctions massives de la fin du Mésozoïque », *Pour la Science*, mars 1982.

121 Scott F. Gilbert, *Developmental biology*, Sinauer Associates Inc. 1988.

199 Simonton Carl, Mattews Simonton Stephanie, Creighton James, *Guérir envers et contre tout*, Épi, 1986.

244 Springer S. P. et Deutsch G., *Left brain, right brain*, W. H. Freemond and Co, New York, 1985.

130 Tastemain Catherine, « Les chromosomes se souviennent aussi », *La Recherche*, n° 194, 1987.

176 Tonegawa S., « Somatic generation of antibody diversity », *Nature* 1983, 302 : 575.

81 Verne Jules, *Vingt Mille Lieues sous les mers*, Hachette, 1978.

195 Vincent Jean Didier, *Biologie des passions*, Odile Jacob, Paris 1986.

199 Zorn Fritz, *Mars*, Gallimard, 1984.

117 Ward Peter, « L'extinction des Ammonites », *Pour la Science*, déc. 1983.

11, 23 Watson James D., Hopkins Nancy H., Roberts Jeffrey W., Steitz Joan Argetsinger, Weiner Alan M., *Biologie moléculaire du gène*, Inter Éditions, 1989.

INDEX THÉMATIQUE

Les numéros en italique renvoient aux pages des sous-chapitres où le thème est développé.

REMERCIEMENTS

Pour leurs conseils et pour les précieux avis dont ils m'ont fait bénéficier dans les domaines cités (en italique), je tiens à exprimer mes plus vifs remerciements à : Jacques Albert (maître de conférence à l'Université de Bordeaux-I ; *Théories de l'évolution*) ; André Lamant (professeur à l'Université de Bordeaux-I ; *Biologie moléculaire et cellulaire. Énergétique*) ; Albert Le Moigne (professeur à l'Université de Paris-Val-de-Marne ; *Biologie du développement*) ; Jacques Lestage (chargé de recherche au CNRS, Université de Bordeaux-II ; *Immunologie*) ; Jean-Claude Relexans (maître de conférence à l'Université de Bordeaux-I ; *Biologie des organismes*) ; Emmanuelle Revardel (agrégée de biochimie et génie biologique, Université de Bordeaux-II ; *Immunologie*) ; Lucienne Rousselle (professeur honoraire à l'Université de Bordeaux-I ; *Théories de l'évolution*) ; Hervé Simon (professeur à l'Université de Bordeaux-II ; *Neurosciences*).

Ici est la marque de ma reconnaissance et de mon amitié.

J.-L. R.

TABLE DES MATIÈRES

DANS LA MÊME COLLECTION

Jean-Loup BERTAUX
De l'autre côté du soleil

Pierre R. ETEVENON
Du rêve à l'éveil

James GLEICK
La Théorie du chaos

Michael GUILLEN
Des ponts vers l'infini

Étienne KLEIN
Conversations avec le Sphinx
les paradoxes en physique

Marc LACHIÈZE-REY
Connaissance du cosmos

Lynn MARGULIS/Dorion SAGAN
L'Univers bactériel

Dominique TERRÉ-FORNACCIARI
Les Sirènes de l'irrationnel

Imprimé en France par Lightning Source
1 avenue Gutenberg
78310 Maurepas

www.ingramcontent.com/pod-product-compliance
Lightning Source LLC
Chambersburg PA
CBHW071430230926
51846CB00001B/169
9782226395078